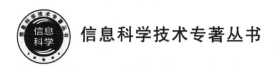

信息科学技术专著丛书

IETM 智能计算技术

主编　雷　震　何嘉武

U0290978

北京邮电大学出版社
www.buptpress.com

内 容 简 介

本书分为六章,包括绪论、深度学习、贝叶斯网络、智能边缘计算平台、IETM 智能交互技术、IETM 智能故障诊断技术。本书重点阐述了面向 IETM 的深度学习和贝叶斯网络等两个智能计算研究方向的主流学习框架、关键技术和其在智能交互、智能故障诊断领域的应用,以及最新智能边缘计算平台。

本书可作为从事人工智能、装备保障信息化等学科专业的教学和科研人员的参考用书。

图书在版编目(CIP)数据

IETM 智能计算技术 / 雷震,何嘉武主编. -- 北京:北京邮电大学出版社,2020.12

ISBN 978-7-5635-6288-6

Ⅰ. ①I… Ⅱ. ①雷… ②何… Ⅲ. ①人工智能—计算 Ⅳ. ①TP183

中国版本图书馆 CIP 数据核字(2021)第 014293 号

策划编辑:姚 顺 刘纳新 责任编辑:姚 顺 封面设计:七星博纳

出版发行:北京邮电大学出版社

社 址:北京市海淀区西土城路 10 号

邮政编码:100876

发 行 部:电话:010-62282185 传真:010-62283578

E-mail:publish@bupt.edu.cn

经 销:各地新华书店

印 刷:保定市中画美凯印刷有限公司

开 本:787 mm×1 092 mm 1/16

印 张:11.5

字 数:247 千字

版 次:2020 年 12 月第 1 版

印 次:2020 年 12 月第 1 次印刷

ISBN 978-7-5635-6288-6 定价:46.00 元

本书编委会

主　编：雷　震　何嘉武

副主编：吴东亚　孙　岩　刘宏祥

参　编：

崔培枝　郑显柱　梁清华　王江峰

钱润华　翟晓宇　吴熙曦　程　洁

前　　言

随着装备复杂性的不断增强,装备保障的难度也在逐渐加大,高技术装备与信息化装备必须有配套的信息化保障手段才能充分发挥其效能。如何加快装备保障信息化建设的步伐,提高装备保障信息化水平,成为当前装备建设亟待解决的重大课题。国内外的实践证明,交互式电子技术手册(IETM)作为装备保障信息化的一项重要的新技术和新手段,能极大地提高装备维修保障和训练装备人员的效率与效益。IETM已成为美国等许多发达国家所推行的CALS战略的重要组成部分,也是装备保障信息化技术研究和应用的热点之一。

目前,国内的IETM产品大多数仍处于四级水平,鲜见具有智能基因注入的五级产品。知名学者、百度深度学习研究院创立者、地平线机器人技术创始人余凯曾预言:"人工智能未来的发展方向是深度学习+贝叶斯网络。"对于IETM而言,智能计算中的深度学习和贝叶斯网络就好比"车之两轮,鸟之双翼"。

全书分为六章。

第1章为绪论。主要介绍了IETM技术、人工智能发展历史、深度学习一般过程和系统平台架构、贝叶斯网络结构和网络参数。

第2章为深度学习。主要介绍了卷积神经网络、循环神经网络、常用实验数据集、主流深度学习框架对比、深度强化学习、蒙特卡洛树搜索、生成对抗网络、TensorFlow以及深度学习在IETM中应用的思考。

第3章为贝叶斯网络。主要介绍了贝叶斯网络的结构学习、参数学习、学习算法的评价、贝叶斯网络的推理、多实体贝叶斯网络、Matlab和GeNIe工具的应用以及贝叶斯网络在IETM中应用的思考。

第4章为智能边缘计算平台。主要介绍了Jetson TX2安装、Jetson TX2下TensoFlow的安装、Jetson TX2刷机、Atlas 200的安装和Mind Studio运行以及智能边缘计算平台在IETM中应用的思考。

第5章为IETM智能交互技术。主要介绍了基于深度学习的IETM智能语音交互,基于深度学习的IETM智能目标检测交互,增强现实和虚拟现实在IETM智能交互中的

1

应用。

第6章为IETM智能故障诊断技术。主要介绍了基于本体的机械故障诊断贝叶斯网络,基于贝叶斯网络的柴油机润滑系统多故障诊断,基于时效性分析的动态贝叶斯网络故障诊断方法,基于概率网络本体语言的故障诊断方法。

本书的价值和特色是从深度学习和贝叶斯网络这两个智能计算研究方向去思考面向IETM应用的相关智能交互技术、智能故障诊断技术、智能边缘计算终端应用等问题,具有新颖性、交叉性和实用性。本书在编写的过程中引用一些专业网站内容,在此一并致谢。本书可作为从事人工智能、保障信息化等学科专业的教学和科研人员的参考用书。

由于本书相关的内容处于研究与探讨阶段,难免存在不足之处,恳请读者给予指正。

作　者

目　　录

第1章 绪 论

1.1 IETM技术

当前,我国大型复杂高技术产品的研制与部署进程正在加快,但保障任务加重、难度增大,传统纸质技术资料体积与重量大、交付与更新及时性差、使用效率低下等弊端日益凸显,已远不能满足保障及人员培训的需要,成为制约保障能力生成的瓶颈。

在这种背景下,交互式电子技术手册(简称IETM)应运而生。IETM是以数字形式存储,采用文字、图形、表格、音频和视频等形式,以人机交互方式提供产品基本原理、使用操作和维修等内容的电子技术文件,是一项重要的保障信息化技术手段。作为一项重要的保障信息化技术,IETM具有数据格式标准、功能应用多样、用户界面友好、使用效益显著等特点,在辅助维修、辅助训练和辅助技术资料管理等方面表现出巨大的优越性。国内外对此进行了大量研究,并在开发的维修培训系统中进行了应用,为培训者提供了多种培训模式。根据美国国防部90年代中期的统计数据,对于大型产品系统的技术培训,IETM能够减少33%的必修课程和28%的培训时间,能够降低参训者知识遗忘率达到75%。

1.1.1 国内IETM应用现状

2000年以后,随着信息技术的发展和国外先进成熟的IETM编制软件进入我国,我国IETM技术的研究和应用进入了一个崭新阶段。航空、航天、船舶、兵器、电子等行业中越来越多的单位积极开展IETM的研制工作,航空工业是其中典型的代表。从最早西飞的"新舟"60客机,到最近几年的中国商飞C919客机、航空工业AC313民用直升机、通飞AG600水陆两栖飞机等项目中均研发了IETM系统,对推动IETM技术在我国的应用特别是民用领域的应用起到了积极的作用。

为了提高产品竞争力,降低售后服务成本,提升服务质量,越来越多的民用装备厂家开始重视IETM的应用。其应用已逐步拓展到高铁(如中车时代电气、青岛四方机车)、电网(内蒙古电力)、汽车(长安汽车、东风汽车)等行业领域,解决了传统纸质技术资料难以在服务现场携带、搜索不便的问题,大幅降低了售后技术服务的压力和成本。与国外产品相比,国内 IETM 产品在技术上存在应用单一、项目管理功能弱、所见即所得编制水平不高、线路图册可视化编制缺失等问题,在应用方面存在缺少技术插图查看工具、三维图像制作工具、未与 ATE 等辅助设备集成等差距。具体表现如下:

- 应用单一,未能与产品全寿命周期的相关应用无缝集成

我国 IETM 的应用形式比较单一,仅具备资料查看和一些有限的应用接口(如维修应用和训练系统),对专家系统、产品数据管理(PDM)、保障性分析记录(LSAR)、装备备件和库存管理、故障预测与健康管理系统(PHM)、维修保障管理软件(MRO)等常用的产品全寿命周期相关应用的集成不够。

- 可视化编辑水平低,易用性不高

我国的 IETM 编制平台基本上以 XML 编辑器为基础界面,数据以标签的形式存在,不利于初学者快速掌握软件功能。相比之下,国外如 WebX 等平台完全实现了编辑平台的"所见即所得",使用环境如 Word 等文档编辑器般易用,减少用户学习的抵触心理并大幅降低了学习成本,提升编制效率,降低编制成本。

- 缺少线路图可视化编辑及阅读解决方案

随着航空、航天、汽车、轨道交通、海运、机床等大型复杂设备、电子设备使用过程中的电气系统越趋复杂,线路连接复杂、信号跟踪困难等问题导致日常维护、故障定位、维修保养的难度大幅增加,为此交付具有连线指示信息、信号流信息的线路图册能够减少复杂设备的维护成本,提高设备的维修正确率,降低设备停机时间。

目前,国内线路图制作工具只能交付 CAD 形式的原理图,此类图形存在现场指导性差、信息丢失严重、无法跟踪信号等问题,难以满足设备的日常维护需要。国外 Metor Graphic、达索等公司提供了线路图可视化编辑工具,支持以可视化的形式制作具有交互效果的原理图、逻辑拓扑图、物理拓扑图等线路图,能够发布为符合 IETM 标准的布线类图册,提供信号跟踪、连线指示、物理接口查看等功能,对设备的维修维护有非常大的指导意义。为此使用单位及用户在多个型号评审会上提出希望 IETM 厂家提供布线图册的可视化编辑及阅读解决方案。

- 缺少技术插图、三维图像制作及查看工具

技术插图及三维图像制作是产品研制的重点,贯穿产品的整个生命周期。目前国内缺少完全自主知识产权的工业三维制作软件,国内绝大部分工业单位均使用达索、西门子、PTC、PG、AutoDesk 等厂商的三维制作软件,接口封闭、安全性差。同时上述软件基本上采用厂家专用格式或对国际标准进行扩展,导致制作完成的技术插图、三维图像查看工具基本上只能使用上述厂家提供的查看插件。

- 未与 ATE 等辅助设备集成

过程类数据模块能够驱动外部应用程序,通过在 IETM 中实现 IETM 与 ATE、BIT 等设备的连接,当装备发生故障时,只需连上 IETM 即可显示相应的维修指导信息,能够极大

地提高故障隔离正确率,降低维修时间。美国雷神公司已经有了成熟的商业解决方案,但国内尚未有成熟的案例。

- 缺少可穿戴设备,智能化程度不足

IETM 对外场维修人员具有极大的指导性意义,但是外场维修存在噪声大、空间小、油污重等问题,普通的便携式加固 IETM 设备无法在外场维修过程中使用。随着可穿戴设备的普及,语音识别、手势跟踪、眼动跟踪等智能交互技术的成熟,国外西门子、PTC 等厂商已经提供成套的可穿戴智能化 IETM 解决方案,能够实现可视化拆解、可视化装配、备件智能定位等功能,极大地降低了维修人员的操作错误。

当前阶段我国交互式电子技术手册主要为四级或四级半 IETM,尚未达到五级 IETM 水平。随着我国高端装备的不断列装,新的信息技术不断深入应用,研制并应用能够融合多源数据、为不同系统提供数据且具有智能基因注入的五级 IETM 显得尤为迫切。

1.1.2　IETM 研发用例图和手册编制基础脚本样例

下面列举了某型设备 IETM 研发过程中用例图和手册编制基础脚本的样例,用例图如图 1-1 所示。

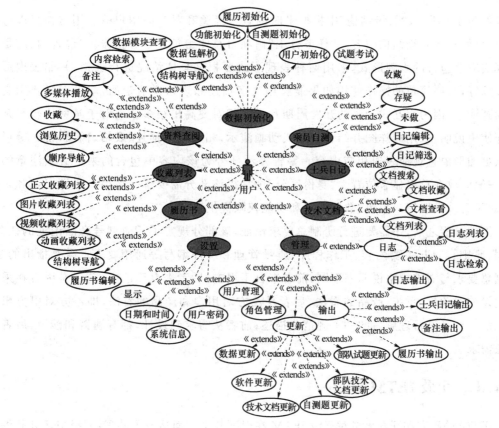

图 1-1　用例图

　　某型设备 IETM 编制的基础脚本共分为五大模块,分别为系统介绍模块,检查处理模块,保养保管模块,操作使用模块,常见故障排除模块。参考资料为《某型装备操作使用教程》,也可以参照使用维护说明书等其他正式出版发布的技术资料。

表 1-1　某型产品交互式电子技术手册编制脚本

序号	基层结构				任务分工			参考文献	包含内容								身份区分				
	1级	2级	3级	4级	设计单位	设计人	落实单位		调整说明	文字描述	表格	插图	视频	3D模型	交互式动画演示	警告警示	管理员	车长	一炮手	二炮手	驾驶员
1	概述				军方甲单位	张三	工业部门某单位	兵操手册													
2		用途			军方甲单位	张三	工业部门某单位	兵操手册													
3		主要战术技术性能			军方甲单位	张三	工业部门某单位	兵操手册													
4		组成			军方甲单位	张三	工业部门某单位	兵操手册													
5		车辆综合电子信息系统			军方甲单位	李四	工业部门某单位	兵操手册													
6		乘员职责			军方甲单位	王五	工业部门某单位	兵操手册													
7			车长		军方甲单位	王五	工业部门某单位	兵操手册													
8			一炮手		军方甲单位	王五	工业部门某单位	兵操手册													
9			二炮手		军方甲单位	王五	工业部门某单位	兵操手册													
10			驾驶员		军方甲单位	王五	工业部门某单位	兵操手册													

　　如表 1-1 所示,"层级结构"中根据平时的教学经验和对产品用户的使用习惯可以进行调整,最好补齐 4 级结构内容。"任务分工"由项目总体组负责划分指派。"包含内容"是对应模块应该包含的表现形式,采用何种表现形式要根据具体情况进行选择,并非表现形式越多越好,有些简单的操作使用如果能够用文字描述和表格说清楚的,就没有必要用交互式动画演示,因为交互式动画的开发周期和成本相对要高出很多。而对于某些比较复杂的装配使用说明,采用爆炸图并结合交互式动画演示,相比文字描述、表格、插图、视频等形式可以更加形象直观地表现相应内容。警告警示部分为该内容中包含的乘员必须注意的事项,一般应放在首页显著位置。"身份区分"中是指该部分需要哪一名用户必须了解和掌握的,对于后续设置用户角色、数据权限和功能权限提供参考。

　　需求分析之后,还需要进行研制总要求论证,该部分规定了相应型号产品论证的任务、依据、原则、类型、主要内容、工作程序、质量管理和文件编写等通用要求。需要指出的是,研制总要求与需求规格说明书不同,前者来自于甲方,后者来自于乙方;前者是甲方在采购或建设前对项目、系统、产品的看法,后者是乙方对用户和产品的看法,即乙方对甲方想要的系统或产品进行理解后的一个规范化描述;前者从需求到设计,都有涵盖和涉及,后者只聚焦需求。

1.1.3　五级 IETM 定义

　　IETM 的研究和开发人员对五级 IETM 在以下几个方面达成了共识:五级 IETM 是综合

电子技术信息系统,是由四级交互式显示与其他过程的数据综合而成。主要涉及的先进技术覆盖人工智能(含深度学习、贝叶斯网络等)、大数据、故障诊断、AR/VR、智能穿戴设备等。

1.1.4 五级 IETM 在装备保障中的应用价值

符合五级 IETM 标准的智能 IETM,能够实现与专家系统、故障诊断系统、PHM 系统、训练保障系统、供应保障系统、维修保障系统等装备综合保障信息系统的互联互通,大幅提升装备保障的信息化水平。

五级 IETM 通过融合人工智能、大数据、边缘计算等技术,实现未知故障的现场收集及诊断,提高装备执行任务的能力。

五级 IETM 集成语音控制、VR/AR、手势识别等技术或设备,能够提升 IETM 在外场的易用性,提高装备外场维修保障效率。

1.1.5 五级 IETM 的建设方式

在已有四级 IETM 的基础上建设满足五级要求的 IETM 系统,需要实现与外部系统的数据集成、信息共享、交互操作、协同工作,通过集成多故障诊断及维修策略、深度学习、贝叶斯网络等人工智能算法,结合大数据分析、参数优化及算法优化等技术,提高故障诊断算法的正确率及运行效率,开发满足 AR、语音等新型交互模式的 IETM 阅读组件,集成物体识别技术,提升外场维修效率,最大限度地发挥 IETM 在使用、维修等过程中的效用。五级 IETM 的建设方式如图 1-2 所示。

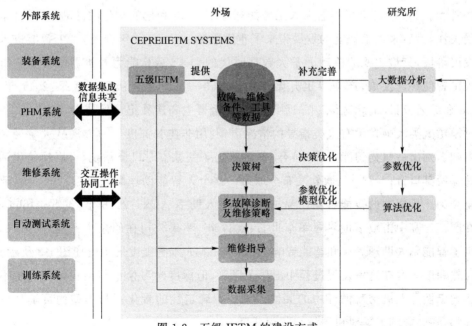

图 1-2 五级 IETM 的建设方式

基于四级 IETM,可采用 Restful、WebSerives、P/Invoke、JACOM、管道等技术,结合本体、元数据、DEX、主数据等数据交换、共享技术,开发五级 IETM,实现 IETM 系统与备件管理系统、器材管理系统、维修保障系统、训练保障系统等外部系统的数据共享、数据交换,充分融合故障预测与健康管理系统、自动测试系统、远程维修系统、虚拟训练环境等应用系统,实现 IETM 系统与外部软件的交互操作与协同工作,提高装备的一体化信息保障水平。

1.2 人 工 智 能

早在 1950 年,Alan Turing 在《计算机器与智能》一书中就阐述了对人工智能的思考。他提出的图灵测试是机器智能的重要测量手段,后来还衍生出了视觉图灵测试等测量方法。1956 年,"人工智能"这个词第一次出现在达特茅斯会议上,标志着其作为一个研究领域的正式诞生。1959 年,Arthur Samuel 提出了机器学习,机器学习将传统的制造智能演化为通过学习能力来获取智能,推动人工智能进入了首次繁荣期。从 1976 年开始,人工智能的研究进入长达 6 年的低潮期。在 20 世纪 80 年代中期,随着美国、日本等发达国家大力推动人工智能研究,以及以知识工程为主导的机器学习方法的发展,出现了具有更强可视化效果的决策树模型和突破早期感知机局限的多层人工神经网络,由此带来了人工智能的二次繁荣。然而,当时的计算机难以模拟复杂度高及规模大的神经网络,仍有一定的局限性。1987 年,由于 LISP 机市场崩塌,美国取消了人工智能预算,日本第五代计算机项目失败并退出市场,专家系统进展缓慢,人工智能再次进入了低谷。1997 年,随着 IBM 深蓝战胜国际象棋世界冠军 Garry Kasparov 这一具有里程碑意义事件的诞生,宣告了基于规则的人工智能的胜利。2006 年,在世界著名人工智能学者 Hinton 和他的学生的推动下,深度学习开始备受关注,为后来人工智能的发展带来了重大影响。从 2010 年开始,人工智能进入爆发式的发展阶段,其最主要的驱动力是大数据时代的到来,运算能力及机器学习算法得到提高。人工智能快速发展,产业界也开始不断涌现出一系列重量级研发成果:2011 年,IBM Waston 在综艺节目《危险边缘》中战胜了最高奖金得主和连胜纪录保持者;2012 年,谷歌大脑通过模仿人类大脑在没有人类指导的情况下,利用非监督深度学习方法从大量视频中成功学习到识别出一只猫的能力;2014 年,微软推出了一款实时口译系统,可以模仿说话者的声音并保留其口音;2014 年,微软发布全球第一款个人智能助理微软小娜;2014 年,亚马逊发布至今为止最成功的智能音箱产品 Echo 和个人助手 Alexa;2016 年,谷歌 Alpha Go 机器人在围棋比赛中击败了世界冠军李世石;2017 年,苹果公司在原来个人助理 Siri 的基础上推出了智能私人助理 Siri 和智能音响 HomePod。人工智能发展历史如图 1-3 所示。

虽然深度学习在这一发展过程中出尽了风头,但深度学习模型不能很好地表示不确定性。不确定性是人机交互循环中的关键因素。不确定性的量化还与模型的可解释性方面有关,因为它会影响人类对机器输出的信任度。

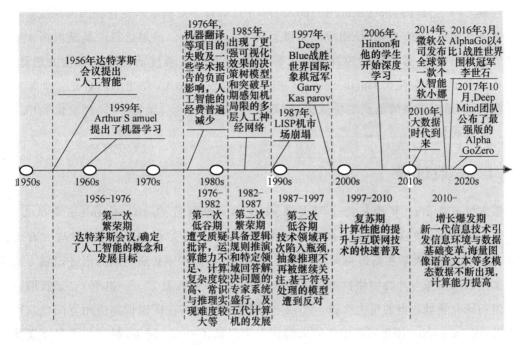

图 1-3　人工智能发展历史

相比之下,贝叶斯推理为模型的建立、推理、预测和决策提供了一个统一的框架,对结果的不确定性和可变性都有明确的解释,而且该框架对模型的过拟合也具有鲁棒性,贝叶斯规则提供了一种自动的"奥卡姆剃刀"效应,剔除了复杂模型的冗余部分。然而,由于推理计算的可处理性,贝叶斯推理主要局限于共轭和线性模型。

由此我们可以观察到贝叶斯推理和深度学习框架中存在互补的元素。这一发现已经在最近的概率论机器学习和贝叶斯深度学习的工作中得到了应用。

1.3　深 度 学 习

2016 年 3 月,Google DeepMind 研发的 AlphaGo 以 4：1 战胜了围棋世界冠军李世石。标志着一个时代的终结和另一个时代的开始,人类在完全信息博弈的对决中惨败,宣示了人工智能发展的元年开始。DeepMind 研发的 AlphaGo 这里用的就是大名鼎鼎的"深度学习"技术。而在此之前,2011 年,Google 就成立了由人工智能和机器学习方向著名学者吴恩达教授领衔的"谷歌大脑"项目,项目利用谷歌的分布式计算框架训练深度人工神经网络。该项目主要成果是使用包含 16000 个 CPU 核的并行计算平台,使用基于深度学习算法训练超过 10 亿个神经元的深度神经网络,如能够在没有任何先验知识的前提下,自动学习 YouTube 网站上海量的视频数据,训练深度神经网络,该系统曾在 1000 万个 YouTube 视频基础上进行训练,通过自学习能够识别猫脸。Google 早期的深度学习基础平台是建立

7

在大规模 CPU 集群的 DistBelief(由 16000 个 CPU 计算节点构成),现在使用的深度学习平台是建立在超过 8000 个 GPU 组成的集群上的 TensorFlow。吴恩达目前是斯坦福大学人工智能实验室主任,曾被任命为百度首席科学家,全面负责百度研究院的百度大脑计划。斯坦福大学前商学院院长 Garth Saloner 在临离任前发给 MBA 学生的内容是:"如果你还在学校的话,最应该做的是到工学院去,学习任何和人工智能、深度学习、自动化等相关的知识! 就现在!"

1.3.1　一般过程

深度学习是 2006 年由机器学习大师、多伦多大学教授 Geoffrey Hinton 等人提出。2010 年,深度学习项目首次获得来自美国国防部门 DARPA 计划的资助,参与方有美国 NEC 研究院、纽约大学和斯坦福大学。自 2011 年起,谷歌和微软研究院的语音识别方向研究专家先后采用深度神经网络技术将语音识别的错误率降低至 20%～30%,这是长期以来语言识别研究领域取得的重大突破。2012 年,深度神经网络在图像识别应用方面也获得重大进展,在 ImageNet 评测问题中将原来的错误率降低了 9%。同年,制药公司将深度神经网络应用于药物活性预测问题之上,取得全球范围内最好的结果。

深度学习一般包括样本数据预处理、模型训练、模型应用三个过程。

· 样本数据预处理

对收集到的图像、视频、语音、文本等数据,如 CT 影像图像,首先经过样本预处理平台,运行数据抽取软件进行样本抽取、过滤,并打上标签形成训练样本库。由于样本数据预处理过程特点是 I/O 密集,采用 CPU 集群进行并行计算,快速实现预处理,生成训练样本库。

· 模型训练

模拟训练平台将读取训练样本库数据,加载初始模型,运行深度学习框架,如 TensorFlow、Caffe、MXNet 等对初始模型进行训练,经过对大量数据样本的学习训练生成最终的智能模型。此模型经过样本测试集测试具有较高的识别精度。由于深度学习训练过程需要大量的计算和网络通信,采用 GPU 集群进行计算,并配置高速万兆网络和并行存储实现模型的快速训练。

· 模型应用

训练好的模型根据实际应用场景的不同,可能以三种方式被加载,如加载到单台工作站上、嵌入式设备上以及云上,并对实际接收的样本进行测试识别以及推理,如医疗诊断通过深度学习模型的应用,能诊断是否视网膜病变,从而使应用具有智能。由于模型应用过程中每个样本识别的计算量小,而需相应的任务多,系统需要并发高吞吐和低延时响应,采用 CPU、GPU 或 FPGA 进行计算,实现单个样本的低延时识别和批量样本的高吞吐处理。

1.3.2　系统平台架构

深度学习的成功除大量标记的数据样本、深度学习模型与算法外,尤其需要高性能的系统平台的支撑。深度学习分为线下训练和线上识别两个部分,对于线下训练而言,可采用 GPU/KNM＋IB/10GE/25GE 高速网络和分布式并行存储的高性能集群系统架构。由于训练需要的样本越来越多,如图像达到亿级、语音达到十万小时,其数据量将达到 PB、TB 级,这将需要大容量、高带宽的高性能并行存储进行存储和快速读取样本数据;由于训练时间长,不仅需要 GPU 进行加速,而且需要大规模集群系统并行处理;对于有的模型,参数将达到十亿级,需要高带宽、低延时高速网络保证节点间参数快速更新,保证模型的收敛。对于线上识别,需要成千上万节点对外提供服务,将面临功耗的巨大挑战,采用低功耗的 FPGA 架构构建线上识别平台将是一个不错的选择。

根据深度学习的特点,介绍一种深度学习系统平台架构如图 1-4 所示,将高性能的并行存储方案通过高速网络与计算加速节点互连,并提供数据服务。适合线下训练的计算加速节点采用高功耗、单精度浮点运算能力强的 GPU,或者 KNM 计算加速卡,而用于线上识别的计算加速节点采用低功耗、INT8 运算能力强的 GPU,或者低功耗、定制了识别程序的 FPGA。在计算节点运行如 TensorFlow、Caffe、CNTK 等深度学习框架,同时深度学习集群管理平台对深度学习框架提供任务管理、登录接口、参数调优等服务,并对节点和计算加速部件进行状态监控和调度等。这一整套平台将为顶层的人工智能应用 APP 提供支撑。

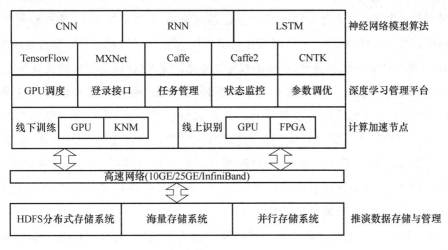

图 1-4　一种深度学习系统平台架构

未来,深度学习线下训练将与线上识别实现融合,线上数据将直接到线下进行训练,线下训练完的模型将更新线上当前模型,线上与线下将实现统一的深度学习平台,采用 GPU＋FPGA＋IB 高速网络＋分布式并行存储的高性能低功耗系统架构,在未来将是一个发展趋势。

1.3.3　深度学习三泰斗

（1）杰夫·辛顿。他生于 1947 年，是现代神经网络最重要的人物之一。作为一名谦逊的英国计算机科学家，他对其所在领域的发展产生的影响很少有人能企及。他出生于一个数学家家庭，他的曾祖父是著名的逻辑学家，所提出的布尔代数曾为现代计算机科学奠定了基础。另一位亲戚是数学家查尔斯·霍华德·辛顿，因提出"思维空间"这一理念而闻名。辛顿说："我一直对人类如何思考以及大脑如何工作很感兴趣。"上学时，一个同学说大脑储存记忆的方式和 3D 全息图像储存光源的方式是一样的，要想创建一个全息图，人们会将多个光束从一件物品上反射回来，然后将相关信息记录在一个庞大的数据库中。大脑也是这样工作的，只是将光束换成了神经元。由于这一发现，辛顿在剑桥大学选择了研究哲学和心理学，之后又在苏格兰爱丁堡大学研究人工智能。他在 20 世纪 70 年代中期来到寒冷的爱丁堡，人工智能领域遭遇的首个冬天几乎在同一时期到来。毕业后，辛顿在英国苏塞克斯从事博士后工作，之后收到了一份来自美国的工作邀请，于是，他打点行装，搬到了加州大学，不久以后，又搬到了卡内基-梅隆大学。在接下来的几年里，他一直积极努力在神经网络领域取得开创性进展，即便到了今天，其成就仍对人工智能的研究产生着影响。他最重要的贡献之一，要算他对另一位研究人员戴维·鲁梅尔哈特的帮助，帮助他再次发现"反向传播"流程。辛顿是最先把反向传播（Backpropagation）用于多层神经网络，还发明了玻尔兹曼机（Boltzmannmachine），这些成果直接导致了深度学习的实用化。这大概是神经网络中最重要的算法，当输出与创造者希望的情况不符时，"反向传播"使神经网络能够调节其隐藏层。发生这种情况时，神经网络将创建一个"错误信号"，该信号将通过神经网络传送回输入节点，随着错误一层层传递，网络的权重也随之改变，这样就能够将错误最小化。

2005 年，杰夫·辛顿在加拿大多伦多大学任教，此前，他一直在英国伦敦大学学院工作，在那里建立了盖茨比计算神经科学组。他后来掀起了一场"非监督式学习"的革命，这种学习方式无须向计算机提供任何标记，这称为深度学习的催化剂。2012 年，谷歌将深度学习语音识别程序嵌入安卓移动平台，错误率与之前相比下降了 25%。这年夏天，辛顿收到了谷歌的电话，在神经网络领域孤独地深耕 30 年后，辛顿在世界上最大的人工智能公司如鱼得水，应该说也是大器晚成的典型代表。

（2）扬·勒丘恩。他在巴黎获得计算机科学博士学位后，就到多伦多大学师从辛顿教授做博士后研究。1988 年，扬·勒丘恩加入 AT&T 贝尔实验室。在那里，他发展了机器视觉领域最有效的深度学习算法——卷积神经网络（CNN），并将其用于手写识别和 OCR。2013 年，扬·勒丘恩加入 Facebook，领导 Facebook 的人工智能实验室。

（3）约书亚·本吉奥。他生于法国，后移居加拿大的蒙特利尔，在麦吉尔大学获得计算机科学博士学位。1992 年，他加入 AT&T 贝尔实验室。在那里，他遇见了扬·勒丘恩，两位巨头一起从事深度学习的研究。1993 年,约书亚·本吉奥在蒙特利尔大学任教。他的多项研究成果对深度学习的复兴意义重大。例如,他在自然语言处理的方向上建树颇多,研究成果直接推动了近年来的语音识别、机器翻译等方向的发展。

以上三位巨头经常一起出席学术会议,一起推动深度学习和人工智能的发展。2015 年5 月,三人联名在《自然》杂志上发表名为《深度学习》的综述文章,成为人工智能领域近年来最重要的文献之一。这篇文章是这样展望深度学习的:"在不久的将来,我们认为深度学习将取得更多成就,因为它只需极少的人工参与,所以它能轻而易举地从计算能力提升和数据量增长中获得裨益。目前正在开发的用于深层神经网络的新型学习算法和体系结构必将加速这一进程。"

1.4 贝叶斯网络

贝叶斯网络是一种概率网络,它是基于概率推理的图形化的网络,贝叶斯概率公式是该网络的基础。它的应用主要在解决不定性和不完整性方面,而其中概率论中的相关知识则是基础。

贝叶斯网络的应用领域非常广泛,其中最主要的应用领域之一就是推理和不确定性表达,从 1988 年由 Pearl 教授提出后,这几年的应用也受到学者和工业方面的肯定。贝叶斯网络由一些点和有向边组成,点代表变量,有向边代表变量之间的关系,这样一个网络就形成了一个有向无环图 (Directed Acyclic Graph,DAG),用条件概率和先验概率表示相应的强度。节点变量可以是任何问题的抽象。贝叶斯网络可以结合事件发生的各种因素,综合其应用指标,建立一个符合实际的应用模型,来解决不确定性问题或者在实际中推理得到一些结论。它包括构建与训练。

1.4.1 贝叶斯网络的特性

贝叶斯网络的构建是一个首先要解决的问题,需要结合各种理论知识。在实际解决问题的时候,大多数情况下是要经过一个反复推理的过程的,比如一个单一的三层结构,我们推理的过程中,首先是先根据第一层的条件,利用网络模型和贝叶斯公式等计算出第二层模型参数,在第二层计算出以后,根据同样的方法计算出第三层模型参数。贝叶斯网络是一个复杂的工程,分析的时候一方面要分清主要因素和次要因素,另一方面要结合各种因素整体做出分析。得到贝叶斯网络状态之间概率的过程称为训练。它是通过已有的数据,对于其影响的数据进行分析和验证,过程是比较复杂的,但在一些特殊的情况下,是可以简化处理,并可以快速实现,下面为它的特性。

（1）贝叶斯网络是一种巨大的模型，在这个模型中，包含结构和关系，有时也看成一个因果网络，分析过程通过概率论的知识进行，弄清其节点和有向边的关系，可以很好的解决问题。

（2）此网络的主要分析是立足于不确定性问题，其中的要素关系通过两种概率表达，为条件概率和先验概率，在这前提下进行推理。

（3）贝叶斯网络不仅可以分析解决单一的关系模式，而且在多种关系的融合方面使用较多，它可以将各种决策纳入网络中，按照规则逐一处理，有效地解决问题。

1.4.2　贝叶斯网络的结构和网络参数

贝叶斯网络的结构和参数的数值可以从专家那里引出，也可以从数据了解到，作为贝叶斯网络的结构，数字是可以从数据推断的联合概率分布的表示。无论是结构还是数值的概率，都可以是专家知识与目标概率数据的混合物。一个贝叶斯网络主要由两部分构成，分别对应问题领域的定性描述和定量描述，即贝叶斯网络结构和网络参数。

（1）贝叶斯网络结构

贝叶斯网络结构即是一个有向无环图，由节点和有向边两个集合构成。在分析实际的问题当中，节点一般代表变量，而变量并不一定是字面意思，可以是抽象化的有价值和意义的东西。一个网络结构中由父节点指向子节点，这种表达是一种因果关系，非直接联系的节点可以理解为独立关系，贝叶斯网络表示因果关系，但它并不局限于此。

（2）网络参数

贝叶斯网络中常见的有两种概率，一种为先验概率，就是无父节点，只是子节点的概率；另一种是条件概率，是子节点相对父节点的概率，这些概率的结合可以组成一个表，为条件概率表。此网络中父节点与其非子节点独立，节点之间可以通过弧连接。

1.4.3　贝叶斯网络的构建

构建贝叶斯网络包括以下几个方面。

（1）变量的定义

（2）结构学习

（3）参数学习

这三个任务之间一般是顺序进行的，然而在构造过程中一般需要在两个方面作折中：一方面为了达到足够的精度，需要构建一个足够大的、丰富的网络模型。另一方面，要考虑构建、维护模型的费用和考虑概率推理的复杂性。

一般来讲,在处理复杂性问题的时候还要考虑效率问题,实际上贝叶斯网络是一个反复迭代的过程。首先一个任务就是根据不同的功能和目的分析所需变量,第二个任务是选取合适的参数和结构来构建贝叶斯网络。一般有两种构建方式。

(1)完整学习(即主观选取,如"头脑风暴法")。这种方式是根据专家以往的经验,主观选取相应的参数,来建立贝叶斯网络结构,这种方式构造的贝叶斯网完全在专家的指导下进行。由于人类获取知识的有限性,导致构建的网络与在实践中积累的数据具有很大的偏差。

(2)部分学习(即通过训练的方法)。这种方式的变量由设计者来定义,结构和参数是通过大量的训练数据来学习得到的,这种方法弥补了第一种方法的局限性。随着其他技术的发展,使之成为可能。

贝叶斯网络的学习,就是要通过某种学习算法来找到一个最能够反映现有数据库中各数据变量之间依赖关系的贝叶斯网络模型,也就是寻找对先验知识和数据拟合得最好的网络结构。一个完整的贝叶斯网络是由网络拓扑结构和每一个节点上的条件概率表(CPT)组成,因此,贝叶斯网络学习可以分为结构学习(学习网络 DAG 结构)和参数学习(学习条件概率表 CPT)两部分。

在贝叶斯网络效能评估模型中,由于实验数据来自于仿真实验,其可信度存在一定的不确定性,因此,在学习过程中必须结合相关领域的专家知识进行综合分析,才能够获得较好的学习效果。

1.5　本书的安排

全书分为六章。

第 1 章为绪论。主要介绍了 IETM 技术、人工智能发展历史、深度学习一般过程和系统平台结构、贝叶斯网络的特性和结构参数。

第 2 章为深度学习。主要介绍了卷积神经网络、循环神经网络、常用实验数据集、主流深度学习框架对比、深度强化学习、蒙特卡洛树搜索、生成对抗网络、TensorFlow 以及深度学习在 IETM 中应用的思考。

第 3 章为贝叶斯网络。主要介绍了贝叶斯网络的结构学习、参数学习、学习算法的评价、贝叶斯网络的推理、多实体贝叶斯网络、Matlab 和 GeNIe 工具的应用以及贝叶斯网络在 IETM 中应用的思考。

第 4 章为智能边缘计算平台。主要介绍了 Jetson TX2 安装、Jetson TX2 下 TensoFlow 的安装、Jetson TX2 刷机、Atlas 200 的安装和 MindStudio 运行以及智能边缘计算平台在

IETM 中应用的思考。

第 5 章为 IETM 智能交互技术。主要介绍了基于深度学习的 IETM 智能语音交互,基于深度学习的 IETM 智能目标检测交互,增强现实和虚拟现实在 IETM 智能交互中的应用等。

第 6 章为 IETM 智能故障诊断技术。主要介绍了基于本体的机械故障诊断贝叶斯网络,基于贝叶斯网络的柴油机润滑系统多故障诊断,基于时效性分析的动态贝叶斯网络故障诊断方法,基于概率网络本体语言的故障诊断方法。

第2章 深度学习

2.1 深度学习概述

前微软全球副总裁、创新工场董事长兼首席执行官李开复博士对深度学习曾做过如下通俗易懂的解释，我们一起来学习一下。

首先，深度学习是一种机器学习。既然名为"学习"，那自然与我们人类的学习过程有某种程度的相似。回想一下小朋友是如何学习的？

比如很多小朋友都用识字卡片来认字。从古时候人们用的"上大人、孔乙己"之类的描红本，到今天手机、平板电脑的识字卡片 App，最基本的思路就是按照从简单到复杂的顺序，让小朋友反复看每个汉字的写法，看得多了，自然就记住了。下次再见到同一个字，就很容易认出来。

这个有趣的识字过程看似简单，实则奥妙无穷。认字时一定是小朋友的大脑在接受许多遍相似图像的认知后，为每个汉字总结出某种规律性的东西，下次大脑再看到符合这种规律的图案，就知道是什么字。

其实，要教计算机认字，差不多也是同样的道理。计算机也要先把每一个字的图案反复看很多很多遍，然后，在计算机的大脑（处理器加上存储器）里，总结出一个规律来，以后计算机再看到类似的图案，只要符合之前总结的规律，计算机就能知道这图案到底是什么字。

用专业的术语来说，计算机用来学习的反复看的图片叫作"训练数据集"；训练数据集中，一类数据区别于另一类数据的不同方面的属性或特质叫作"特征"；计算机在"大脑"中总结规律的过程叫作"建模"；计算机在"大脑"中总结出的规律叫作"模型"；而计算机通过反复看图，总结出规律，然后学会认字的过程就叫作"机器学习"。

到底计算机是怎么学习的？计算机总结出的规律又是什么样的？这取决于我们使用什么样的机器学习算法。

有一种算法非常简单，模仿的是小朋友学识字的思路。家长和老师们可能有这样的经验：小朋友开始学识字，比如先教小朋友分辨"一""二""三"时，我们会告诉小朋友说，一笔写成的字是"一"，两笔写成的字是"二"，三笔写成的字是"三"。这个规律好记又好用。但是,再学新字时,这个规律就未必奏效了。比如,"口"也是三笔,可它却不是"三"。我们通常会告诉小朋友,围成个方框儿的是"口",排成横排的是"三"。这规律又丰富了一层,但仍然满足不了识字数量的增长。很快,小朋友发现"田"也是个方框儿,可它不是"口"。这时我们会告诉小朋友,方框里有个"十"的是"田"。再往后,我们多半就要告诉小朋友,"田"上面出头的是"由",下面出头的是"甲",上下都出头的是"申"。小朋友就是在这样一步一步丰富起来的特征规律的指引下,慢慢学会自己总结规律,自己记住新汉字,并进而学会几千个汉字的。

有一种名叫决策树的机器学习方法,和根据特征规律来识字的过程非常相似。当计算机只需要认识"一""二""三"这三个字时,计算机只要数一下识别的汉字的笔画数量,就可以分辨出来。当我们为待识别汉字集(训练数据集)增加"口"和"田"时,计算机之前的判定方法失败,就必须引入其他判定条件。由此一步步推进,计算机就能认识越来越多的字。

如图 2-1 显示了计算机学习"由""甲""申"这三个新汉字的前前后后,以及计算机内部的决策树的不同。这说明,当我们给计算机"看"了三个新汉字及其特征后,计算机就像小朋友那样,总结并记住了新的规律,认识了更多的汉字。这个过程,就是一种最基本的机器学习。

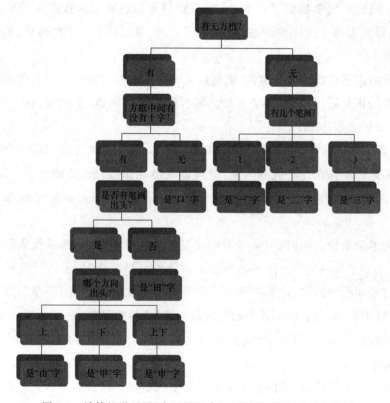

图 2-1　计算机学习了"由""甲""申"三个新汉字之后的决策树

当然,这种基于决策树的学习方法太简单了,很难扩展,也很难适应现实世界的不同情况。于是,科学家和工程师们陆续发明出许多不同的机器学习方法。

例如,我们可以把汉字"由""甲""申"的特征,包括有没有出头、笔画间的位置关系等,映射到某个特定空间里的一个点(这里又出现数学术语,不过这不重要,是否理解"映射"的真实含义,完全不影响后续阅读)。也就是说,训练数据集中,这三个字的大量不同写法,在计算机看来就变成了空间中的一大堆点。只要我们对每个字的特征提取得足够好,空间中的一大堆点就会大致分布在三个不同的范围里。

这时,让计算机观察这些点的规律,看能不能用一种简明的分割方法,比如在空间中画直线,把空间分割成几个相互独立的区域,尽量使得训练数据集中每个字对应的点都位于同一个区域内。如果这种分割是可行的,就说明计算机"学"到了这些字在空间中的分布规律,为这些字建立起模型。

接下来,计算机看见一个新的汉字图像时,就简单把图像换算成空间里的一个点,然后判断这个点落在了哪个字的区域里,这不就能知道这个图像是什么字了吗?

很多人可能已经看出来了,使用画直线的方法来分割一个平面空间,很难适应几千个汉字以及数万种不同的写法。如果想把每个汉字的不同变形都对应为空间中的点,那就极难找到一种数学上比较直截了当的方法将每个汉字对应的点都分割包围在不同的区域里。

很多年来,数学家和计算机科学家一直被类似的问题所困扰。人们不断改进机器学习方法。比如,用复杂的高阶函数来画出变化多端的曲线,以便将空间里相互交错的点分开,或者干脆把二维空间变成三维空间、四维空间甚至几百维、几千维、几万维的高维空间。在深度学习实用化之前,人们发明了许多种传统的、非深度的机器学习方法。这些方法虽然在特定领域取得了一定成就,但这个世界实在是复杂多样、变化万千,无论人们为计算机选择多么优雅的建模方法,都很难真正模拟世界万物的特征规律。这就像一个试图用有限几种颜色画出真实世界面貌的画家,即便他画艺再高明,他也很难做到"写实"。

那么,如何大幅扩展计算机在描述世界规律时的基本手段呢?有没有可能为计算机设计一种灵活度极高的表达方式,然后让计算机在大规模的学习过程中不断尝试和寻找,自己去总结规律,直到最终找到符合真实世界特征的一种表示方法呢?

现在,我们要探讨的主角——深度学习要闪亮登场了!

深度学习就是这样一种在表达能力上灵活多变,同时又允许计算机不断尝试,直到最终逼近目标的机器学习方法。从数学本质上说,深度学习与前面谈到的传统机器学习方法并没有实质性差别,都是希望在高维空间中根据对象特征将不同类别的对象区分开来。但深度学习的表达能力与传统机器学习相比,却有着天壤之别。

简单地说,深度学习就是把计算机要学习的东西看成一大堆数据,把这些数据丢进一个复杂的、包含多个层级的数据处理网络中(深度神经网络),然后检查经过这个网络处理得到的结果数据是否符合要求,如果符合,就保留这个网络作为目标模型,如果不符合,就一次次地、锲而不舍地调整网络的参数设置,直到输出满足要求的结果为止。

这么说似乎有些晦涩难懂,我们看一下李开复博士的直观解释。

假设深度学习要处理的数据是信息的"水流",而处理数据的深度学习网络是一个由管道和阀门组成的巨大的水管网络。网络的入口是若干管道作为开口,网络的出口也是若干管道作为开口。这个水管网络有许多层,每一层有许多个可以控制水流流向与流量的调节阀。根据不同任务的需要,水管网络的层数、每层的调节阀数量可以有不同的变化组合。对复杂任务来说,调节阀的总数可以成千上万甚至更多。水管网络中,每一层的每个调节阀都通过水管与下一层的所有调节阀连接起来,组成一个从前到后,逐层完全连通的水流系统(这里说的是一种比较基本的情况,不同的深度学习模型在水管的安装和连接方式上是有差别的)。

那么,计算机该如何使用这个庞大的水管网络来学习识字呢?

比如,当计算机看到一张写有"田"字的图片时,就简单地将组成这张图片的所有数字,全都变成信息的水流,从入口灌进水管网络。在计算机里,图片的每个颜色点都是用"0"和"1"组成的数字来表示的。

我们预先在水管网络的每个出口都插一块字牌,以对应于每一个我们想让计算机认识的汉字。这时,因为输入的是"田"这个汉字,等水流流过整个水管网络,计算机就会跑到管道出口位置去看一看,是不是标记有"田"字的管道出口流出来的水流最多。如果是这样,就说明这个管道网络符合要求。如果不是这样,我们就给计算机下达命令:调节水管网络里的每一个流量调节阀,让"田"字出口"流出"的数字水流最多。

这下计算机可要忙一阵子了,要调节那么多阀门! 好在计算机计算速度快,有暴力计算外加算法优化。其实,主要是有精妙的数学方法,不过我们这里不讲数学公式,大家只要想象计算机拼命计算的样子就可以了。最终计算机总是可以很快地给出一个解决方案,调好所有阀门,让出口处的流量符合要求。

在下一步学习"申"字时,我们就用类似的方法,把每一张写有"申"字的图片变成一大堆数字组成的水流,灌进水管网络,看一看是不是写有"申"字的那个管道出口流出来的水最多,如果不是,我们还得再次调整所有的调节阀。

这次工作既要保证刚才学过的"田"字不受影响,也要保证新的"申"字可以被正确处理。

如此反复进行,直到所有汉字对应的水流都可以按照期望的方式流过整个水管网络。这时我们就说这个水管网络已经是一个训练好的深度学习模型了。

例如图 2-2 显示了"田"字的信息水流被灌入水管网络的过程。为了让水流更多地从标记有"田"字的出口流出,计算机需要用特定方式近乎疯狂地调节所有流量调节阀,不断地实验、摸索,直到水流符合要求为止。

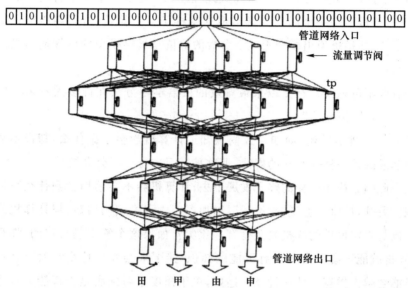

管道网络入口

流量调节阀

tp

管道网络出口

田　甲　由　申

图 2-2　用"水管网络"来描述教计算机识字的深度学习过程

当大量识字卡片被这个管道网络处理，所有阀门都调节到位后，整套水管网络就可以用来识别汉字了。这时，我们可以把调节好的所有阀门都"焊死"，静候新的水流到来。

与训练时做的事情类似，未知的图片会被计算机转变成数据的水流，灌入训练好的水管网络中。这时，计算机只要观察一下，哪个出口流出来的水流最多，这张图片写的就是哪个字。

是不是有些匪夷所思？难道深度学习竟然就是这样一个靠疯狂调节阀门来"凑"出最佳模型的学习方法？整个水管网络内部每个阀门为什么要如此调节，为什么要调节到这种程度，难道完全由最终每个出口的水流量来决定？这里面真的没有什么深奥的道理可言？

深度学习大致就是这么一个用人类的数学知识与计算机算法构建起整体架构，再结合尽可能多的训练数据以及依靠计算机的大规模运算能力去调节内部参数，尽可能逼近问题目标的半理论、半经验的建模方式。

指导深度学习的基本上是一种实用主义的思想。

不是要理解更复杂的世界规律吗？那我们就不断增加整个水管网络里可调节的阀门的个数，即增加层数或增加每层的调节阀数量。不是有大量训练数据和大规模计算能力吗？那我们就让许多 CPU 和许多 GPU（图形处理器，俗称显卡芯片，原本是专用于作图和玩游戏的,碰巧也特别适合深度学习计算)组成庞大的计算阵列,让计算机在拼命调节无数个阀门的过程中,学到训练数据中的隐藏规律。也许正是因为这种实用主义的思想,深度学习的感知能力(建模能力)远强于传统的机器学习方法。

实用主义意味着把获得实际效果当作最高目的。即便一个深度学习模型已经被训练得非常"智能",可以非常好地解决问题,但很多情况下,连设计整个水管网络的人也未必能说清楚,为什么管道中每一个阀门要调节成这个样子。也就是说,人们通常只知道深度学习模型是否工作,却很难说出模型中某个参数的取值与最终模型的感知能力之间到底有怎样的因果关系。

这似乎有些不可思议。有史以来最有效的机器学习方法在许多人看来竟然是一个只可意会、不可言传的"黑盒子"。

由此引发一个哲学思辨,即如果人们只知道计算机学会了做什么,却说不清计算机在学习过程中掌握的是一种什么样的规律,那这种学习本身会不会失控?

很多人由此担心按照这样的路子发展下去,计算机会不会悄悄学到什么我们不希望它学会的知识?另外,从原理上说,如果无限增加深度学习模型的层数,那计算机的建模实力是不是就可以与真实世界的终极复杂度有一比呢?如果这个答案是肯定的,那只要有足够的数据,计算机就能学会宇宙中所有可能的知识,接下来会发生什么?大家是不是对计算机的智慧可能超越人类有了些许忧虑?还好,关于深度学习到底是否有能力表达宇宙级别的复杂知识,专家们尚未有一致看法。人类至少在可见的未来还是相对安全的。

目前,已经出现了一些可视化的工具,能够帮助我们"观察"深度学习在进行大规模运算时的"状态"。比如谷歌著名的深度学习框架 TensorFlow 就提供了一个网页版的小工具,用人们易于理解的图示画出正在进行深度学习运算的整个网络的实时特征。

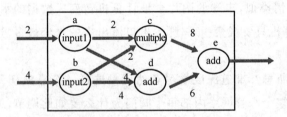

图 2-3　训练模型时深度神经网络的可视化状态

图 2-3 显示了一个包含中间层级(隐含层)的深度神经网络针对某训练数据集进行学习时的数据流的"样子"。从图中我们可以直观地看到网络的每个层级与下一个层级之间数据"水流"的方向与大小。我们还可以随时在这个网页上改变深度学习框架的基本设定,从不同角度观察深度学习算法。这对我们学习和理解深度学习大有帮助。

需要特别说明的是,以上对深度学习的概念阐述刻意避免了数学公式和数学论证,这种用水管网络来普及深度学习的方法只适合一般公众。对于懂数学、懂计算机科学的专业人士来说,这样的描述可能不完备也不精确。流量调节阀的比喻与深度神经网络中每个神经元相关的权重调整,在数学上并非完全等价。对水管网络的整体描述也有意忽略了深度学习算法中的代价函数、梯度下降、反向传播等重要概念。专业人士要学习深度学习,建议还是要从本专业的深度教程看起。

深度学习也可这么理解:学习的层次化表现,具有超过一个阶段的非线性特征变换即为深度。如图 2-4 所示为 ImageNet 上特征可视化卷积网络学习。

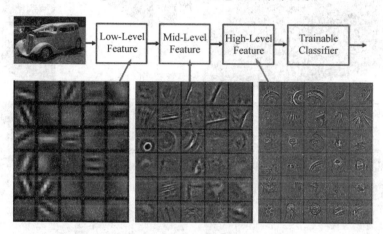

图 2-4　ImageNet 上特征可视化卷积网络学习

战胜围棋世界冠军的阿尔法狗所采用主要算法就是深度学习。深度学习的概念源于人工神经网络的研究。它通过组合低层特征形成更加抽象的高层表示属性类别或特征,以发现数据的分布式特征表示。

深度学习目前在脸书、谷歌、微软、百度、推特及 IBM 的产品中被广泛应用。

➤ 图像识别、视频认知。

➤ 更准确的语音识别。

➤ 图片、视频内容过滤。

➤ 更好的语言理解能力,对话及翻译将成为可能。

➤ 如果我们把 Instagram、Messenger、Whatsapp 计算在内,就是每天 20 亿张图片。

➤ Facebook 上的每一张照片每隔 2 秒就通过两个 ConvNets,一个是图像识别及标注,另一个是面部识别。

➤ 自动驾驶汽车、医疗成像、增强现实技术、移动设备、智能相机、机器人等领域。

例如 MobilEye 是基于卷积神经网络技术的驾驶员辅助系统,配置于特斯拉 S 型和 X 型产品中,如图 2-5 所示。

但是我们离发明真正智能的机器相距甚远,还需要将推理机制与深度学习整合在一起,还需要为无监督学习找到好的理论原理做支撑。

当前的开源深度学习框架对第三方库的依赖性较强,同时还有版本上的区分,对框架部署和 AI 应用的开发很不友好。特别是对需要快速迭代版本的情形而言,频繁地更新 OS 和第三方库,给开发人员带来很多繁琐的工作,占用大量精力。

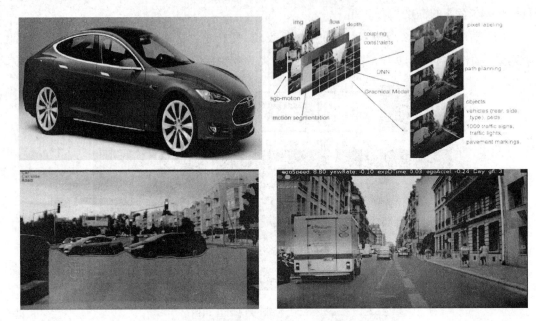

图 2-5　特斯拉 S 型和 X 型产品中的驾驶员辅助系统

可以考虑将深度学习框架及其依赖的库统一进行资源封装成一个镜像,之后便可以在任何支持资源封装的平台上随时加载镜像。用户可以立刻开始工作,其工作环境与原始环境完全一致,以有效提升生产力。该深度学习系统方案采用资源封装技术提升深度学习框架部署效率和应用开发生产力,同时对资源封装技术与系统方案的融合做出优化,支持分布式存储在镜像内的映射以及对镜像的存储、调度、管理和监控等。

2.2　卷积神经网络

卷积神经网络是深度学习中最为重要的概念,是一种前馈神经网络,它的人工神经元可以响应一部分覆盖范围内的周围单元,对于大型图像处理有出色的表现,包括卷积层和池化层。

2.2.1　相关概念

很多最新的神经网络模型都包含卷积神经网络,在很多领域都有它们的身影,但是用得最多的领域是图像分类和特征提取。

（1）核与卷积

核是一个 $n\times m$ 的矩阵，一般情况下 $n=m$。卷积操作过程：首先将相应的像素乘上核，每个像素乘一次，然后把所有的值相加，最后把相加后的结果赋值给中心像素。以上过程做完之后，移动卷积矩阵，应用同样的操作，直到所有的像素都被遍历。

（2）卷积操作的解释

卷积核的作用在于强化或者隐藏模式。通过训练好的参数，我们可以发现模式如增强角边缘、自上向下寻找边缘等。我们也可以通过模糊核去除我们不想要的细节和异常点。正如 LeCun 在他的论文中所说：卷积网络可以被认为本身集成了特征提取器。

在 TensorFlow 中使用卷积，典型的形式是 conv2d 操作。

滤波器是图像处理的基本方式，对于一个图像在卷积核的基础上进行 2D 卷积操作。2D 卷积操作则是对图像中的每个像素点，将它的相邻像素点组成的矩阵与滤波器矩阵的对应元素相乘，然后将相乘后的结果进行相加，得到该像素点的最终值。对于图像每个像素点均按照上述过程进行卷积操作，即完成对图像的处理。在遇到图像顶部或底部的边缘像素时，可以按照要么忽略边缘像素，将其直接排除在卷积操作之外，要么填充边缘像素，对边缘进行扩展，并保证卷积操作能够包含到边缘像素，扩展的边缘像素值可以填充为 0，也可以采用中心点的像素值代替填充像素值，或者使用中心点附近的平均像素值代替。

滤波器有自己的特点：当滤波器矩阵中的值相加为 0 甚至更小时，被滤波器处理之后的图像相对会比原始图像暗，值越小越暗；当滤波器矩阵中的值相加为 1 时，被滤波器处理之后的图像与原始图像的亮度相比几乎一致；当滤波器矩阵中的值相加大于 1 时，被滤波器处理之后的图像相对会比原始图像的亮度更亮。

（3）降采样操作

卷积层通过非全连接的方式显著减少了神经元的连接，从而减小了计算量，但是神经元的数量并没有显著减少，对于后续计算的维度依然比较高，并且容易出现过拟合问题。这样在卷积层之后，会有一个池化层，用于池化操作，也被称作下采样层。下采样层可以大大降低特征的维度，减少计算量，同时可以避免过拟合问题。例如，对于一个 1024×1024 的特征图进行 2×2 的池化操作，即每 4 个元素中取最大的一个元素作为输出，最终得到的是 512×512 的特征图，规模减少了四分之一。

TensorFlow 中的降采样（subsampling）操作通过使用池化（pool）方法实现。该操作的基本思想是使用局部区域里面的一个值代替整个区域，常见的是 max_pool 和 avg_pool 两种方法。其中 max_pool 是使用局部区域的最大值代替该区域的所有像素，而 avg_pool 使用均值代替。这种类型的池化操作也不是一成不变的。在 LeCun 的论文中，汇聚操作需要在原来的像素上乘以一个参数再加上一个偏差。

降采样层的目标跟卷积层多少有些类似，它们都是降低信息的数量和复杂性的同时保存重要的信息元素。降采样操作是对重要信息的一种压缩表示。换言之，降采样层同样可以将一个复杂的信息简单化表示，通过滑动图像上的滤波器，我们将图像用其更有价值的部分表示，甚至能减小到大小为 1 的像素。但该操作也同时让模型失去了位置特征信息。

（4）dropout 操作

训练大规模神经网络经常遇到的一个问题就是过拟合（overfitting），也就是训练结果对于训练样本很友好，但对于测试集不行。也就是说，模型的泛化效果不理想。基于此，科学家们发明了 dropout 操作。这个操作随机选择一些权重，将它们赋值为 0。这个方法的最大优势就是避免了所有的神经元同步地优化它们的权重。这种操作避免了所有的神经元收敛到同样的结果，从而达到了"解关联（decorrelating）"的作用。dropout 的再一个优点就是能使得隐藏单元的激活变得稀疏，这是一个非常好的特性。

（5）Softmax 层

Softmax 函数是概率论中常见的归一化函数，它能够将 K 维的向量 x 映射到另外一个 K 维向量 $p(x)$ 中，并使得新的 K 维向量的每一个元素取值在 $(0,1)$ 区间。

作为一种归一化函数，与其他的归一化方法相比，该函数具有其独特的作用，尤其在多分类问题中，均有广泛应用。例如，在朴素贝叶斯分类器和神经网络中。它的特点是，在对向量的归一化处理过程中，尽可能凸显较大值的权值，抑制较小值的影响，因此在分类应用中可以更加凸显分类权值较高的类别。

2.2.2　AlexNet

有篇文章算是深度学习的起源，文章标题是"ImageNet Classification with Deep Convolutional Networks"，已经获得了 1.4 万余次引用，并被广泛认为是业内最具深远影响的一篇。Alex Krizhevsky、Ilya Sutskever 以及 Geoffrey Hinton 三人创造了一个"大规模、有深度的卷积神经网络"，并用它赢得了 2012 年度 ILSVRC 挑战冠军（ImageNet Large-Scale Visual Recognition Challenge）。ILSVRC 作为机器视觉领域的奥林匹克，每年都吸引来自全世界的研究小组，他们拿出浑身解数相互竞争，用自己组开发的机器视觉模型解决图像分类、定位、检测等问题。2012 年，当 CNN 第一次登上这个舞台，在前五测试错误率项目上达到 15.4% 的好成绩，排在它后面的成绩是 26.2%，说明 CNN 相对其他方法具有令人震惊的优势，这在机器视觉领域引起了巨大的震动。可以说，从那时起 CNN 就变成了业内家喻户晓的名字。

这篇文章主要讨论了一种网络架构的实现，我们称为 AlexNet。相比现在的架构，文中所讨论的布局结构相对简单，主要包括 5 个卷积层、最大池化层、丢包 dropout 层以及 3 个全连通层，如图 2-6 所示。该结构用于针对拥有 1000 个可能的图像类别进行分类。

AlexNet 架构采用两个不同的数据"流"使得它看起来比较奇怪。这是因为训练过程的计算量极大，因此需要将步骤分割以应用两块 GPU 并行计算。

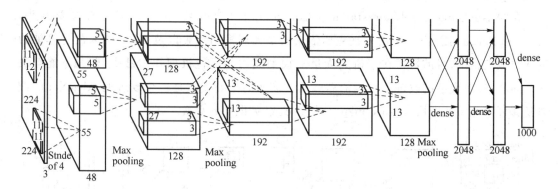

AlexNet architecture (May look weird because there are two d ifferent"streams". This is because the training process was so computationally expensive that they had to split the training onto2 GPUs)

图 2-6　AlexNet 架构

这篇论文的要点包括如下几个方面。

◇ 利用 ImageNet 数据库进行网络训练,库中包含 22000 种类的 1500 万标签数据。

◇ 利用线性整流层 ReLU 的非线性函数,利用线性整流层 ReLU 后,运行速度比传统双曲正切函数快了几倍。

◇ 利用了数据扩容方法 data augmentation,包括图像变换、水平反射、块提取 patch extractions 等方法。

◇ 为解决训练集过拟合问题而引入了丢包层 dropout layer。

◇ 使用批量随机梯度下降法 batch stochastic gradient descent 进行训练,为动量 momentum 和权重衰退 weight decay 设定限定值。

◇ 使用两块 GTX 580 GPU 训练了 5~6 天。

本文的方法是机器视觉领域的深度学习和 CNN 应用的开山之作。它的建模方法在 ImageNet 数据训练这一历史性的难题上有着很好的表现。它提出的许多技术目前还在使用,例如数据扩容方法以及丢包 dropout 层。AlexNet 真真切切地用它在竞赛中的突破性表现给业内展示了 CNN 的巨大优势。

2.2.3　ZF Net

AlexNet 在 2012 年大放异彩之后,2013 年随即出现了大量的 CNN 模型。当年的 ILSVRC 比赛胜者是来自纽约大学 NYU 的 Matthew Zeiler 以及 Rob Fergus 设计的模型,叫作 ZF Net。它达到了 11.2% 的错误率。ZF Net 的架构不仅对之前的 AlexNet 进行了进一步的优化,而且引入了一些新的关键技术用于性能改进。另外一点,文章作者用了很长的篇幅讲解了隐藏在卷积网络 ConvNet 之下的直观含义以及该如何正确地将滤波器及其权重系数可视化。

在"Visualizing and Understanding Convolutional Neural Networks"这篇文章开头，Zeiler 和 Fergus 提出 CNN 的复兴主要依靠的是大规模训练集以及 GPU 带来的计算能力飞跃。他们指出，目前短板在于研究人员对模型的内部运行机理知之甚少，若是不能解决这个问题，针对模型的改进就只能依靠试错。该文的主要贡献是一个改进型 AlexNet 的细节及其可视化特征图层 feature map 的表现方式，如图 2-7 所示。

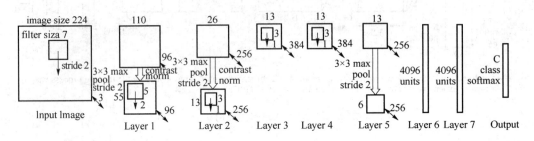

图 2-7 ZF Net 架构

该文除了一些微小改进外，模型架构与 AlexNet 非常相似。

AlexNet 训练集规模为 1500 万张图像，ZF Net 仅为 130 万张。相比 AlexNet 在第一层使用的 11×11 滤波器，ZF Net 使用 7×7 的滤波器及较小步长。如此改进的深层次原因在于，在第一卷积层中使用较小尺寸的滤波器有助于保留输入数据的原始像素信息。事实证明，在第一卷积层中使用 11×11 滤波器会忽略大量相关信息。

随着网络层数深入，使用的滤波器数量同样增加。

激活方法 activation function 使用了线性整流层 ReLUs 和交叉熵损失函数 cross-entropy loss，训练方法使用了批量随机梯度下降法 batch stochastic gradient descent。

用 1 块 GTX580 GPU 训练了 12 天。发明一种卷积网络可视化技术，名为解卷积网络 Deconvolutional Network，有助于检查不同激活特征以及它们与输入空间的关系。命名为"解卷积网络"，"deconvnet"是因为它把特征投影为可见的像素点，这跟卷积层把像素投影为特征的过程是刚好相反的。

解卷积的基本工作原理是：针对训练后的 CNN 网络中的每一层，都附加一个解卷积层 deconvnet 用于将感知区回溯 path back 到图像像素。在 CNN 的工作流程中，我们把一幅图像输入给 CNN，一层一层地计算其激活值 activations，这是前向传递。现在，假设我们想要检查第四卷积层中针对某个特征的激活值，我们把这层对应的特征图层中的这个激活值保存起来，并把本层中其他激活值设为 0，随后将这个特征图层作为解卷积网络的输入。这个解卷积网络与原先的 CNN 有相同的滤波器设置。输入的特征图层通过一系列的反池化、整流以及滤波，随后到达输入端。

隐藏在这整套流程之下的原因是，我们想要知道当给定某个特征图层时，什么样的图像结构能够激活它。如图 2-8 所示,给出了第一层和第二层的解卷积层可视化结果。

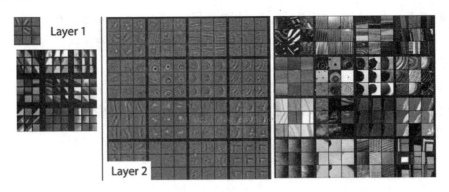

图 2-8　第一层和第二层的解卷积层可视化结果

每层都表示为两幅图片,其一表示为滤波器,另一层表示为输入原始图像中的一部分结构,在给定的滤波器和卷积层之下,这些结构能够激发最强的激活信号。图中第二解卷积层的左图,展示了 16 个不同的滤波器。

图中卷积网络 ConvNet 的第一层通常是由一些用于检测简单边缘、颜色等信息的低阶特征检测子组成。从图中也可以看出,第二层则是更多的圆形特征。让我们看看图 2-9 中第三、四、五层的情形。

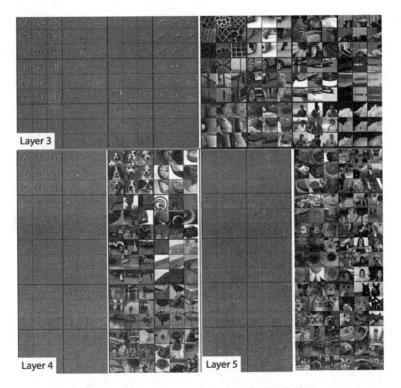

图 2-9　第三、四、五层的解卷积层可视化结果

图中这几层展示出更进一步的高阶特征,例如狗的脸部特征或是花朵的特征等。也许你还记得,在第一卷积层后,我们应用了一个池化层 pooling layer 用于图像下采样(例如将 $32 \times 32 \times 3$ 的图像转换为 $16 \times 16 \times 3$)。它带来的效果是第二层的滤波器视野(检测范围 scope)更宽了。

ZF Net 不仅仅是 2013 年度竞赛的冠军,而且它为 CNN 提供了更加直观的展示能力,同时提供了更多提升性能的技巧。这种网络可视化的方法有助于研究人员理解 CNN 的内部工作原理及其网络架构。

2.2.4 GoogLeNet

GoogLeNet 是一个 22 层的 CNN,它以 6.7% 的错误率赢得了 2014 年度 ILSVRC 的冠军。这是第一个跟传统方法,也就是卷积层与池化层简单叠加以形成序列结构的方法不同的一种 CNN 的新架构,如图 2-10 所示。文章作者强调,他们的新模型也特别重视内存与计算量的使用。

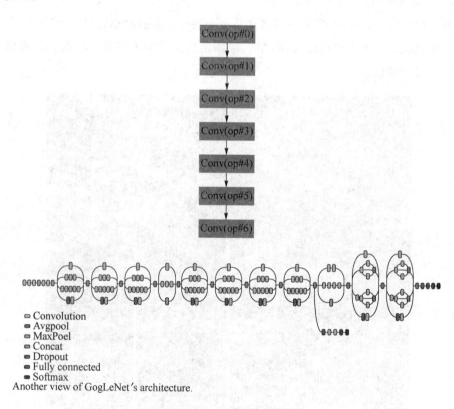

图 2-10　GoogLeNet 的架构

当我们第一眼看到 GoogLeNet 的架构时,会发现并不是像之前架构那样,所有流程都是顺序执行的。系统的许多部分是并行执行的,如图 2-11 所示。

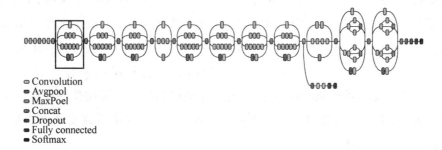

图 2-11 GoogLeNet 的并行执行

图 2-12 就称为 Inception module。让我们仔细研究一下它的构成。

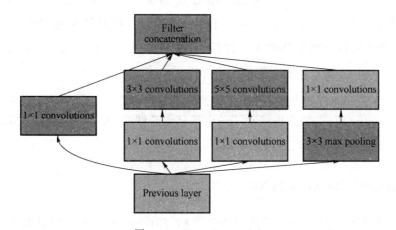

图 2-12 Inception module

底部的绿色模块就是我们的输入,而顶部绿色模块是输出(把它顺时针转 90°就可以跟之前的 GoogLeNet 架构图对应起来了)。基本上在传统卷积网络 ConvNet 中,你需要选择当前输入是用于执行池化 pooling 操作还是卷积操作(同样要选择滤波器尺寸)。然而在 Inception module 里,你可以让它们同时跑一遍。实际上,这正是作者一开始设计时的"天真"想法。

为什么说它"天真"呢?答案是它会导致太多的输出。最终我们会得到一个具有极具深度的数组。为了解决这个问题,作者在 3×3 以及 5×5 卷积层之前,采用了一个 1×1 卷积操作。1×1 卷积提供了降维的效果。打个比方,假设你有一个 100×100×60 的输入图像(尺寸无关紧要,可以看成是其中某一层的输出)。将其进行 20 个 1×1 的卷积操作,则会将尺寸变为 100×100×20。这意味着之后 3×3 以及 5×5 卷积所要面对的图像数据变少了。这就像是一个"特征池化(pooling of features)"的操作,就跟在一般模型中的最大池化 maxpooling 层中降低空间尺寸的操作类似,在这里我们降低了数据的深度。另外一点在于这些滤波器后跟线性整流层 ReLU。

你可能会问"这架构有什么用?"事实上,在这个由网络中的网络 NIN 层、中型滤波器、大型滤波器以及池化操作组成的架构中,NIN 层能够从输入数据中提取出极为精细的图像细节信息,5×5 滤波器能够覆盖较大的感知区与提取其内部的信息。同样,池化操作流程能够帮你减少空间尺寸,处理过拟合问题。另外,每个卷积层都配有一个线性整流层 ReLU,它能够降低系统线性度。基本来说,这个架构能够以一个可接受的计算量处理这些复杂操作。此外,文章中还提到了一个更高层次的用途,是有关稀疏及稠密连接 sparsity and dense connections 的。

模型里共使用 9 个 Inception module 模块,深度总计 100 层。而且,并没有使用全连通层,而是用一个平均池化层 average pool 取而代之,将 7×7×1024 的数据降低为 1×1×1024。这个构造大大降低了参量个数,比 AlexNet 的参量个数少了 12 倍。在测试时,使用相同输入图像的多个副本 multiple crops 作为系统输入,将其结果进行归一化指数函数 softmax 平均操作后得到其最终结果。另外,在模型中引入了区域卷积网络 R-CNN 的概念。Inception module 现在不断更新中。

GoogLeNet 是最先提出 CNN 模型中的非序列叠加模型这一概念的。文章作者通过介绍 Inception module 模块,为业内展示了一个独具创造性的,有着较高运行效率的模型。本文为随后出现的一些精彩的模型奠定了基石。

2.2.5 Region Based CNNs

也许会有人认为比起之前所说的那些新架构,R-CNN 才是最重要且对业内影响最大的 CNN 模型。UC Berkeley 的 Ross Girshick 团队发明了这种在机器视觉领域有着深远影响的模型,其相关论文被引量超过了 6700 次。如同标题所说的,Fast R-CNN 以及 Faster R-CNN 方法使我们的模型能够更好更快地解决机器视觉中的目标检测问题。

目标检测的主要目的是:给出一副图像,把其中所有物体都框起来。这个过程可以分为两个主要的部分:目标标定和分类。

文中提出:针对区域标定方法,任何类不可知区域检测法都是合适的。其中 Selective Search 方法特别适用于 RCNN 模型。Selective Search 算法在运行的过程中会生成 2000 个不同的,能够定位图像中目标的最大似然标定区域。获取到这些标定区域后,算法把它们"变形(warped)"转换为一幅图像并输入一个已训练好的 CNN 中(例如 AlexNet),进行特征向量的提取。随后将这些向量作为一系列线性 SVM 分类器的输入进行分类。同样将这些向量输入给区域边界的回归分析器,用于进一步精确获取目标的位置。R-CNN 工作流如图 2-13 所示。

随后,模型采用一个非极大值抑制算法用于去除那些互相重叠的区域。

• Fast R-CNN

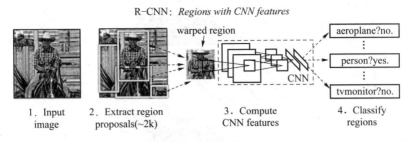

图 2-13　R-CNN 工作流

Fast R-CNN 针对之前模型的改进主要集中在这三个方面的问题。多个阶段的训练（卷积网络 ConvNet、SVM、区域边界回归分析）计算负载很大且十分耗时。Fast R-CNN 通过优化流程与改变各生成标定区域的顺序，先计算卷积层，再将其结果用于多个不同的功能计算模块，以此解决速度的问题。在模型中，输入图像首先通过一个 ConvNet，从其最后输出的特征图层中获取特征标定区域，最后将其同时输入全连通层、回归分析模块以及分类模块。Fast R-CNN 工作流如图 2-14 所示。

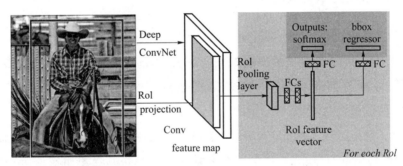

图 2-14　Fast R-CNN 工作流

• Faster R-CNN

Faster R-CNN 用于解决在 R-CNN 和 Fast R-CNN 中的一些复杂的训练流程。作者在最后一层卷积层后插入了一个区域标定网络 region proposal network(RPN)。RPN 能够从其输入的特征图层中生成标定区域 region proposals。之后流程则跟 R-CNN 一样。如图 2-15 所示。

首先它能检测图像中的特定物体，更重要的是它能够找到这个物体在图像中的具体位置，这是机器学习的一个重要进步。目前，Faster R-CNN 已经成为目标检测算法的标杆。

31

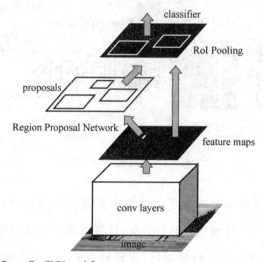

Faster R-CNN workflow

图 2-15　Faster R-CNN 工作流

2.2.6　Microsoft ResNet

对于一个很深的 CNN 架构,即使把它的层数变为以前的四倍,它的深度可能还比不上微软亚研 MRA 在 2015 年提出的架构 ResNet。ResNet 是一个拥有 152 层网络架构的新秀,它集分类、检测与翻译功能于一身。除层数破了纪录,ResNet 自身的表现也破了 ILSVRC2015 的记录,达到了不可思议的 3.6%。

作者提出了残差区块 residual block 概念,其设计思路是这样的:当我们的输入 x 通过卷积-线性整流-卷积系列操作后,产生的结果设为 $F(x)$,将其与原始输入 x 相加,就有 $H(x)=F(x)+x$。对比传统 CNN,只有 $H(x)=F(x)$。而 ResNet 需要把卷积结果 $F(x)$ 与输入 x 相加。下图的子模块表现了这样一个计算过程,它相当于对输入 x 计算了一个微小变化"delta",这样输出 $H(x)$ 就是 x 与变化 delta 的叠加(在传统 CNN 中,输出 $F(x)$ 完全是一个全新的表达,它并不包含输入 x 的信息)。文章作者认为,"这种残差映射关系 residual mapping 比起之前的无关映射 unreferenced mapping 更加容易优化"。如图 2-16 所示。

残差区块的另外一个优势在于反向传播操作时,梯度信息流由于这些附加的计算从而更加容易传播。

该文的一个有意思的特点是,最初两层处理后,输入图像的空间尺寸由 224×224 压缩至 56×56。作者声明若在平层网络中随意增加层数会导致训练计算量以及错误率上升。该研究团队曾尝试使用 1202 层网络架构,结果精确度反而降低了,推测原因是过拟合。训练使用一个 8GPU 的机器,持续了 2-3 周。

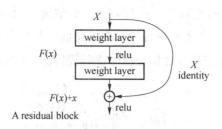

图 2-16　残差区块 residual block

模型达到的 3.6％错误率本身就极具说服力了。ResNet 模型是最棒的 CNN 架构之一,同时也是残差学习的一项重要创新。也许这已经到了一个瓶颈,因为仅依靠往模型中堆砌更多的卷积层已经难以获取算法性能上的提升了。

2.2.7　Spatial Transformer Networks

该篇文章是由著名的 Google Deepmind 研究组在前些年撰写的。它提出了一种空间变形模块(Spatial Transformer module)。模块将输入图像进行某种变形从而使得后续层处理时更加省时省力。比起修改 CNN 的主要结构,作者更关注于对输入图像进行改造。它进行的改造主要有两条:姿态正规化(pose normalization)(主要指图像场景中的物体是否倾斜、是否拉伸)和空间聚焦(spatial attention)(主要指在一个拥挤的图像中如何聚焦某个物体)。在传统 CNN 中,如果想要保证模型对尺度和旋转具有不变性,那么需要对应的大量训练样本。而在这个变形模块中,则不需要如此麻烦,下面就让我们看看它是怎么做的。

在传统 CNN 中,应对空间不变性的模块主要是最大池化层。其背后的直观原因在于最大池化层能够提取特征信息(在输入图像中有着高激活值的那些区域)的相对位置作为一个重要属性,而不是绝对位置。而文中所述的空间变形模块则是通过一种动态的方式对输入图像进行扭曲、变形等变换。这种形式不像传统的最大池化操作那样简单与死板。让我们看看它的组成,如图 2-17 所示。

一个局部网络结构,通过输入图像计算出应该对图像采用的形变参数并将其输出。形变参数称作 theta,定义为一个 6 维的仿射变换向量。

一个正规化网格,经过上述参数的仿射变换之后生成的采样网格产物。

这样的一个模块可以插入于 CNN 网络的任何地方,帮助整个网络结构学习特征图层形变,降低训练成本。

在一个全连通网络架构用于扭曲手写 MNIST 库的数字识别的项目中,添加空间变形模块 spatial transformer 作为架构的第一层的运行结果为:(a)输入数据是 MNIST 手写库中的图像,图像上施加了随机变换、缩放、旋转以及其他干扰噪声 clutter。(b)空间变形模块预测的图像形变。(c)通过空间变形模块处理后的结果。(d)随后通过全连通网络分类预测后的结果。附带空间变形模块的网络架构在训练时仅使用了最后的正确标签,也就是数字标签,而并没有使用正确变形参数作为标签进行训练。

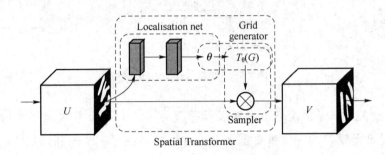

A Spatial Tranfomer module

图 2-17　用作对输入图层变换的采样器 sampler

这篇文章吸引眼球的地方在于它提出这样的一种可能性:对 CNN 的改进并不一定要对网络架构的大规模修改,也不需要创造出另外一个 ResNet 或 Inception module 这样的复杂模型。这篇文章通过实现了一个对输入图像进行仿射变换的简单功能,从而让模型拥有了很强的形变、伸缩、旋转不变性。如果对该模型还有兴趣的读者,可以看一下这个 Deepmind 团队的视频,对 CNN 加空间形变模块的结果有很好的展示。

2.2.8　Matconvnet

Matconvnet 是牛津大学视觉组研发的一个深度学习框架,主要定位实现深度学习中的卷积神经网络 CNN,是一个学习 CNN 的很好的入门工具。其运行版本有两种,CPU 和 GPU 版本,运行环境也有 windows 和 linux 两种。Matconvnet 不支持 win32 位系统。

安装环境:windows10 或 windows7+VS2015+Matlab2015b_64bit

(1) 下载 matconvnet 工具包。

(2) 安装 VS2015。

安装类型选择"自定义"模式,如图 2-18 所示。

编程语言选择"Visual C++",如图 2-19 所示。

这个非常重要,否则会报错,另外注意不要选择 VS2013,因为版本太低不能编译后面的 vl_compilenn。

(3) 安装 matlab2017b。

以上软件安装好之后,一是看环境变量中是否有 VS140COMNTOOLS,如图 2-20 所示。

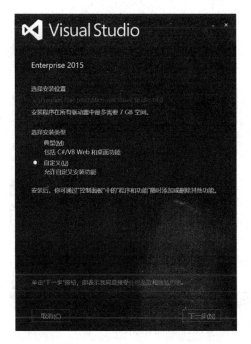

图 2-18 VS2015 安装类型选择

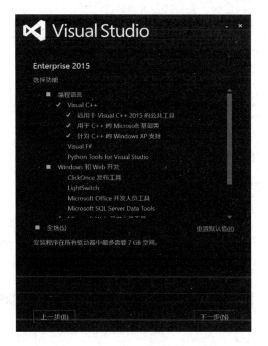

图 2-19 VS2015 编程语言选择

图 2-20 环境变量

二是看 matlab 安装路径下是否有 msvc2017 和 msvcpp2017，如图 2-21 所示。

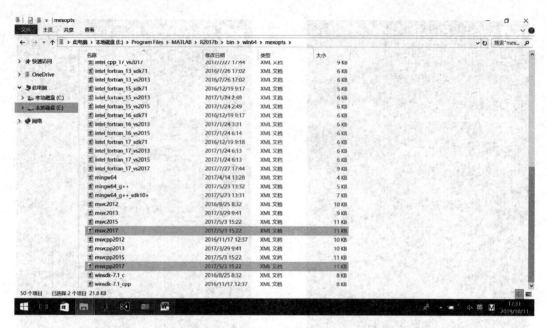

图 2-21　查看 matlab 安装路径下是否有 msvc2017 和 msvcpp2017

（4）开始安装 matconvnet。

打开 matlab，在命令行输入：

mex -setup

mex -setup C++

如图 2-22 所示。

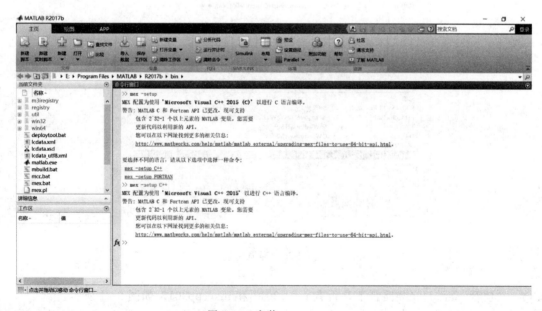

图 2-22　安装 matconvnet

然后 cd 到 matconvnet 所在的文件夹目录下,在命令行键入以下指令:

cd('E:\software\matconvnet')

addpath matlab

vl_compilenn

依次执行,会有一些编译信息出现,最后会生成一个 mex 文件夹,编译过程如图 2-23 所示。

图 2-23　编译过程

这个时候 matconvnet 就已经安装好了。

文件夹 mex 如图 2-24 所示,采用 cu 编写的源文件,是 vs 编译生成的动态链接库,以后调用的是这些文件,而 dll 文件是后面 GPU 编译要用到的。

图 2-24　文件夹 mex

如果在 vl_compilenn 这一步出错，可能是你没用管理员身份运行，只需要关闭 matlab，然后用管理员身份运行，再按照前面的步骤从头配置 VS 运行即可。

配置好后可以输入以下指令测试一下，如图 2-25 所示。

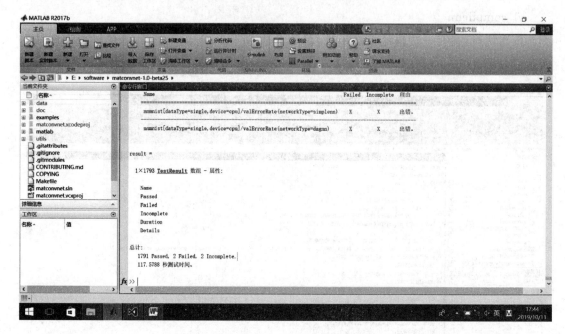

图 2-25　matconvnet 成功安装测试

出现以上界面，即表示 matconvnet 成功安装，随后可以运行 example 里面的实例，如 mnist、cifar10 等。

关于 GPU 的配置和编译，相对较复杂，需要严格的版本匹配，硬件上需要一台算力 2.1 以上的电脑，安装驱动之后，可通过＞＞＞gpuDevice()这条语句查看，要求 Nvidia GPU（GTX，TiTan 等），这里不再展开讲。

2.2.9　卷积神经网络芯片

- 目前 NVIDIA、Intel、Teradeep、Mobileye、Qualcomm 及 Samsung 正在开发 ConvNet 芯片；
- 很多初创公司，包括 Movidius，Nervana 等也在从事相关研究。

2.3　循环神经网络

我们已知的传统神经网络模型在训练和预测阶段都以静态方式运行，也就是说，对于每一个输入，给出一个输出，而不考虑其序列间的关系。而循环神经网络（RNN）不仅依赖于当前的输入,而且依赖于先前的输入。RNN 是一种序列化的神经网络,它可以将已有的信息重复利用。RNN 中的一个主要假设就是当前的信息依赖于先前的信息。

为什么需要 RNN 呢?因为某些任务需要能够更好地处理序列的信息,即前面的输入和后面的输入是有关系的。比如,我们在理解一句话时,孤立地理解这句话的每个词是不够的,我们需要处理这些词连接起来的整个序列。

循环神经网络的应用场景比较多,比如暂时能写文章、写诗歌,创作音乐甚至美术作品,但是他们距离实用还有很长的路要走。

当你把 CNN 和 RNN 结合在一起会产生什么?Andrej Karpathy 和 Fei-Fei Li 所写的一篇文章就是着重于研究将 CNN 与双向 RNN bidirectional RNN 相结合生成用于描述图像区域的自然语言描述器。基本上这个模型通过输入一副图像,产生如图 2-26 所示的输出。

图 2-26　matconvnet 成功安装测试

看起来非常不可思议。让我们看看它跟普通 CNN 有什么不同。在传统的模型中,针对训练数据中的每一张图片,都只有一个确定的标签与之对应。但本文所描述的模型则通过一个句子或标题与图像相关联。这种标签形式被称为弱标签,其语句中的成分与图像中的未知部分相关联。使用这样的训练集,让一个深度神经网络模型"推断语句成分与其描述的图像区域之间的潜在结合 alignment 关系"。另外还有一个网络模型则将图像作为输入,生成其文字描述。现在让我们分别看看这两个部分:Alignment Model 与 Generation Model。

◇ Alignment Model

这个部分的主要目的在于将视觉信息和文字信息进行配对结合(图像和描述文字)。模型输入一幅图像与一句话,然后对它们俩的匹配程度进行打分作为输出。

现在看一下该如何表现一幅图像。首先,把一幅图像输入一个用 ImageNet 数据训练过的 R-CNN 网络,检测其中的物体。前 19 个检测出来的物体加上自身表现为深度为 500 维的维度空间。那么现在我们有了 20 个 500 维向量,这就是图像中的信息。随后,我们需要获取语句中的信息。我们利用双向 RNN 架构,把输入语句嵌入同样的多模态维度空间。在模型的最高层,输入的语句内容会以给定的句式表现出来。这样,图像的信息和语句信息就处于同一个建模空间内,我们通过计算其内积就可以求得相似度了。

◇ Generation Model

正如以上所述,配对 alignment 模型创建了一个存放图像信息(通过 RCNN)和对应文本信息(通过 BRNN)的数据集。现在我们就可以利用这个数据集来训练产生 generation 模型,让模型从给定图像中生成一个新的描述文本信息。模型将一幅图像输入 CNN,忽略其 softmax 层,其全连通层的输出直接作为另一个 RNN 的输入。这个 RNN 的主要功能则是为语句的不同单词形成一个概率分布函数。

本文要点在于结合了看起来似乎不同的两种模型 RNN 和 CNN,创造了一个融合机器视觉和自然语言处理两方面功能的应用。它提供了一个新的思路,使得深度学习模型更加聪明并能够胜任跨学科领域的任务。

CNN 适用于分层或空间数据,从中提取未做标记的特征,比如图像或手写体字符。

RNN 适用于时态数据及其他类型的序列数据,可以是文本正文、股票市场数据或者是语音识别中的字母和单词。

2.4 常用实验数据集

数据集对于深度学习模型的重要性不言而喻,然而根据性质、类型、领域的不同,数据集往往散落在不同的资源平台里,急需人们做出整理。没有数据,我们的机器学习和深度学习模型将是"无源之水、无本之木"。那批最有价值的数据集被研究人员广泛引用,尤其在算法变化的对比上。不少数据集的名字在圈内外早已耳熟能详,如 MNIST、CIFAR 10 以及 Imagenet 等。

我们之所以经常在教学中引用这些数据集,是因为它们就是研究者们很有可能遇到的数据类型的绝佳例子,此外,研究者可以将自己的工作与引用这些数据集的学术成果进行对比,从而取得进步。此外,我们也会使用 Kaggle Competitions 数据集,Kaggle 的 public leaderboards 允许研究者在全球最好的数据集里测试自己的模型。

2.4.1 图像分类领域

（1）MNIST

经典的小型灰度手写数字数据集，开发于 20 世纪 90 年代，主要用于测试当时最复杂的模型。时至今日，MNIST 数据集更多被视作深度学习的基础教材。fast.ai 版本的数据集舍弃了原始的特殊二进制格式，转而采用标准的 PNG 格式，以便在目前大多数代码库中作为正常的工作流使用。如果您只想使用与原始同样的单输入通道，只需在通道轴中选取单个切片即可。

（2）CIFAR10

10 个类别，多达 60000 张的 32×32 像素彩色图像（50000 张训练图像和 10000 张测试图像），平均每种类别拥有 6000 张图像。广泛用于测试新算法的性能。fast.ai 版本的数据集舍弃了原始的特殊二进制格式，转而采用标准的 PNG 格式，以便在目前大多数代码库中作为正常的工作流使用。

（3）CIFAR100

与 CIFAR-10 类似，区别在于 CIFAR-100 拥有 100 种类别，每个类别包含 600 张图像（500 张训练图像和 100 张测试图像），然后这 100 个类别又被划分为 20 个超类。因此，数据集里的每张图像自带一个"精细"标签（所属的类）和一个"粗略"标签（所属的超类）。

（4）Caltech-UCSD Birds-200-2011

包含 200 种鸟类（主要为北美洲鸟类）照片的图像数据集，可用于图像识别工作。分类数量：200；图片数量：11788；平均每张图片含有的标注数量：15 个局部位置，312 个二进制属性，1 个边框框。

（5）Caltech 101

包含 101 种物品类别的图像数据集，平均每个类别拥有 40～800 张图像，其中很大一部分类别的图像数量固为 50 张左右。每张图像的大小约为 300×200 像素。该数据集也可以用于目标检测定位。

（6）Oxford-IIIT Pet

包含 37 种宠物类别的图像数据集，每个类别约有 200 张图像。这些图像在比例、姿势以及光照方面有着丰富的变化。该数据集也可以用于目标检测定位。

（7）Oxford 102 Flowers

包含 102 种花类的图像数据集（主要是一些英国常见的花类），每个类别包含 40～258 张图像。这些图像在比例、姿势以及光照方面有着丰富的变化。

（8）Food-101

包含 101 种食品类别的图像数据集，共有 101000 张图像，平均每个类别拥有 250 张测试图像和 750 张训练图像。训练图像未经过数据清洗。所有图像都已经重新进行了尺寸缩放,最大边长达到了 512 像素。

（9）Stanford cars

包含 196 种汽车类别的图像数据集,共有 16185 张图像,分别为 8144 张训练图像和 8 041 张测试图像,每个类别的图像类型比例基本上都是五五开。本数据集的类别主要基于汽车的牌子、车型以及年份进行划分。

2.4.2　自然语言处理领域

（1）IMDb Large Movie Review Dataset

用于情感二元分类的数据集,其中包含 25000 条用于训练的电影评论和 25000 条用于测试的电影评论,这些电影评论的特点是两极分化特别明显。另外数据集里也包含未标记的数据可供使用。

（2）Wikitext-103

超过 1 亿个语句的数据合集,全部从维基百科的 Good 与 Featured 文章中提炼出来。广泛用于语言建模,当中包括 fastai 库和 ULMFiT 算法中经常用到的预训练模型。

（3）Wikitext-2

Wikitext-103 的子集,主要用于测试小型数据集的语言模型训练效果。

（4）WMT 2015 French/English parallel texts

用于训练翻译模型的法语/英语平行文本,拥有超过 2000 万句法语与英语句子。该数据集由 Chris Callison-Burch 创建,他抓取了上百万个网页,然后通过一组简单的启发式算法将法语网址转换为英文网址,并默认这些文档之间互为译文。

（5）AG News

包含 496835 条来自 AG 新闻语料库 4 大类别,超过 2000 个新闻源的新闻文章,数据集仅仅援用了标题和描述字段。每个类别分别拥有 30000 个训练样本及 1900 个测试样本。

（6）Amazon reviews - Full

包含 34686770 条来自 6643669 名亚马逊用户针对 2441053 款产品的评论,数据集主要来源于斯坦福网络分析项目（SNAP）。数据集的每个类别分别包含 600000 个训练样本和 130000 个测试样本。

（7）Amazon reviews - Polarity

包含 34686770 条来自 6643669 名亚马逊用户针对 2441053 款产品的评论,数据集主要来源于斯坦福网络分析项目（SNAP）。该子集的每个情绪极性数据集分别包含 1800000 个训练样本和 200000 个测试样本。

（8）DBPedia ontology

来自 DBpedia 2014 的 14 个不重叠的分类的 40000 个训练样本和 5000 个测试样本。

（9）Sogou news

包含 2909551 篇来自 SogouCA 和 SogouCS 新闻语料库 5 个类别的新闻文章。每个类别分别包含 90000 个训练样本和 12000 个测试样本。这些汉字都已经转换成拼音。

（10）Yahoo! Answers

来自 Yahoo! Answers Comprehensive Questions and Answers1.0 数据集的 10 个主要分类数据。每个类别分别包含 140000 个训练样本和 5000 个测试样本。

（11）Yelp reviews - Full

来自 2015 年 Yelp Dataset Challenge 数据集的 1569264 个样本。每个评级分别包含 130000 个训练样本和 10000 个测试样本。

（12）Yelp reviews - Polarity

来自 2015 年 Yelp Dataset Challenge 数据集的 1569264 个样本。该子集中的不同极性分别包含 280000 个训练样本和 19000 个测试样本。

2.4.3 目标检测定位

（1）Camvid：Motion-based Segmentation and Recognition Dataset

包含 700 张包含像素级别语义分割的图像分割数据集，每张图像都经过第二个人的检查和确认来确保数据的准确性。

（2）PASCAL Visual Object Classes

用于类识别的标准图像数据集，同时提供了 2007 与 2012 版本。2012 的版本拥有 20 个类别。训练数据的 11530 张图像中包含了 27450 个 ROI 注释对象和 6929 个目标分割数据。

（3）COCO 数据集

目前最常用于图像检测定位的数据集应该要属 COCO 数据集（全称为 Common Objects in Context）。我们可以从 COCO 数据集下载页面获取每个 COCO 数据集的详情。

https://s3.amazonaws.com/fast-ai-coco/panoptic_annotations_trainval2019.zip

2.5 主流深度学习框架对比

面对如此之多的深度学习框架，使用者该如何做出合适的选择？对此，LexiconAI 的 CEO 兼创始人 Matthew Rubashkin 及其团队通过对不同的框架在计算机语言、教程和训练样本、CNN 建模能力、RNN 建模能力、架构的易用性、速度、多 GPU 支持、Keras 兼容性等方面的表现进行对比。

Matthew Rubashkin 毕业于加州大学伯克利分校,是 UCSF 的 Insight 数据工程研究员和博士生,曾在硅谷数据科学(SVDS)就职,并领导 SVDS 的深度学习研发团队进行项目研究。

值得注意的是,这一结果结合了 Matthew Rubashkin 团队在图像和语音识别应用方面对这些技术的主观经验和公开的基准测试研究,并且只是阶段性检测,未囊括所有可用的深度学习框架。我们看到,包括 DeepLearning4j、Paddle、Chainer 等在内的框架都还未在其列。

以下是对应的评估依据:

(1)计算机语言

编写框架所使用的计算机语言会影响到它的有效性。尽管许多框架具有绑定机制,允许使用者使用与编写框架不同的语言访问框架,但是编写框架所使用的语言也不可避免地在某种程度上影响后期开发的语言的灵活性。

因此,在应用深度学习模型时,最好能够使用你所熟悉的计算机语言的框架。例如,Caffe(C++)和 Torch(Lua)为其代码库提供了 Python 绑定,但如果你想更好地使用这些技术,就必须能够熟练使用 C++ 或者 Lua。相比之下,TensorFlow 和 MXNet 则可以支持多语言,即使使用者不能熟练使用 C++,也可以很好地利用该技术。

(2)教程和训练样本

框架的文本质量、覆盖范围以及示例对于有效使用框架至关重要。高质量的文本文件以及待处理的问题的示例将有助于有效解决开发者的问题。完备的文件也表明该工具已经成熟并且在短期内不会改变。

而不同的深度学习框架之间在教程和训练样本的质量和数量的需求方面存在很大的区别。举例来说,Theano、TensorFlow、Torch 和 MXNet 由于具有很好的文本化教程(documented tutorials),所以非常易于理解和实现。另外,我们还发现,不同的框架在 GitHub 社区的参与度和活跃度高低不仅可以作为其未来发展的重要指标,同时也可以用来衡量通过搜索 StackOverflow 或 Git 报告事件来检测和修复 bug 的速度。值得注意的是,在教程数量、训练样本以及开发人员和用户社区方面,TensorFlow 的需求量非常大。

(3)CNN 建模能力

CNN 是由一组不同的层组成,将初始数据量转换成预定义类分数的输出分数,是一种前馈神经网络,它的人工神经元可以响应一部分覆盖范围内的周围单元,对于大型图像处理有出色表现,可用于图像识别、推荐引擎和自然语言处理。此外,CNN 还可以用于回归分析,如自动驾驶车辆转向角输出模型等。CNN 建模能力包括几个功能:定义模型的概率空间、预构建层的可用性以及可用于连接这些层的工具和功能。我们看到,Theano、Caffe 和 MXNet 都具有很好的 CNN 建模功能,这意味着,TensorFlow 能够很容易地在其

InceptionV3 模型上进行能力构建,Torch 中包括易于使用的时间卷积集在内的优秀的 CNN 资源,都使得这两种技术在 CNN 建模功能上能够很好地区分开来。

（4）RNN 建模能力

有别于 CNN,RNN 可以用于语音识别、时间序列预测、图像字幕和其他需要处理顺序信息的任务。由于预先构建的 RNN 模型不像 CNN 那样多,因此,如果你有一个 RNN 深度学习项目,那么就必须考虑为特定技术预先实施和开源何种 RNN 模型,这是非常重要。例如,Caffe 拥有极少的 RNN 资源,而微软的 CNTK 和 Torch 则拥有丰富的 RNN 教程和预置模型。虽然 TensorFlow 也具有一些 RNN 资源,但 TFLearn 和 Keras 中所包含的 RNN 示例要比使用 TensorFlow 多得多。

（5）架构

为了在特定的框架中创建和训练新的模型,至关重要的一点是要有一个易于使用而且是模块化的前端架构。检测结果表明,TensorFlow、Torch 和 MXNet 都具有直观的模块化架构,这使得开发变得简单并且直观。相比之下,像 Caffe 这样的框架则需要花大量的工作来创建一个新的层。另外,我们还发现由于 TensorBoard Web GUI 应用程序已经被包含在内,TensorFlow 在训练期间和训练之后会特别容易调试和监控。

（6）速度

在开放源代码卷积神经网络方面,Torch 和 Nervana 拥有基准测试的最佳性能记录,TensorFlow 性能在大多数测试中也表现抢眼,而 Caffe 和 Theano 在这方面则表现得并不突出。在递归神经网络（RNN）方面,微软则声称 CNTK 的训练时长最短,速度最快。当然,也有另一项直接针对 RNN 建模能力速度进行比较的研究表明,在 Theano、Torch 和 TensorFlow 中,Theano 的表现最好。

（7）多 GPU 支持

大多数深度学习应用程序需要大量的浮点运算（FLOP）。例如,百度的 DeepSpeech 识别模型需要 10 秒钟的 ExaFLOPs（百万兆浮点运算）进行训练。那可是大于 10 的 18 次方的计算量！而作为领先的图形处理单元（GPU）——如英伟达的 Pascal TitanX,每秒可以执行 11 万亿次浮点运算,在一个足够大的数据集上训练一个新的模型需要一周的时间。为了减少构建模型所需的时间,需要多台机器上的多个 GPU。幸运的是,上面列出的大多数技术都提供了这种支持,比如,MXNet 就具有一个高度优化的多 GPU 引擎。

（8）Keras 兼容性

Keras 是一个用于进行快速深度学习原型设计的高级库,是一个让数据科学家能够自如地应用深度学习的工具。Keras 目前支持两个后端:TensorFlow 和 Theano,并且还将在 TensorFlow 中获得正式的支持。

Matthew Rubashkin 建议,当你要开始一个深度学习项目时,首先要评估好自己团队的技能和项目需求。举例来说,对于以 Python 为中心的团队的图像识别应用程序,他建议使用 TensorFlow,因为其文本文件丰富、性能适宜并且还拥有优秀的原型设计工具。而如果是为了将 RNN 扩展到具有 Lua 能力的客户团队产品上,他则推荐使用 Torch,这是因为它具有卓越的速度和 RNN 建模能力。

总而言之,对于大多数人而言,"从零开始"编写深度学习算法成本非常高,而利用深度学习框架中可用的丰富资源可以达到事半功倍的效果。如何选择更合适的框架将取决于使用者的技能和背景以及具体项目的需求。因此,当你要开始一个深度学习项目时,的确值得花一些时间来评估可用的框架,以确保技术价值的最大化。

开源的深度学习神经网络正日趋成熟,而现在有许多框架具备为个性化方案提供先进的机器学习和人工智能的能力。那么如何决定哪个开源框架最适合你呢?我们试图通过对比深度学习各大框架的优缺点,为各位读者提供一个参考。你最看好哪个深度学习框架呢?现在的许多机器学习框架都可以在图像识别、手写识别、视频识别、语音识别、目标识别和自然语言处理等领域大展身手,但却并没有一个完美的深度神经网络能解决所有业务问题。所以,希望下面的讲解能够提供直观方法来帮助读者解决业务问题。

2.5.1　TensorFlow

TensorFlow 最开始是由谷歌一个称之为 DistBelief V2 的库发展而来,它是一个公司内部的深度神经网络库,隶属于谷歌大脑项目。有一些人认为 TensorFlow 是由 Theano 彻底重构而来。

谷歌开源 TensorFlow 后,立即吸引了一大批开发爱好者。TensorFlow 可以提供一系列的能力,例如图像识别、手写识别、语音识别、预测以及自然语言处理等。2015 年 11 月 9 日,TensorFlow 在 Apache 2.0 协议下开源发布。

TensorFlow 1.0 版本已于 2017 年 2 月 15 日发布,这个版本是之前 8 个版本的优化改进版,其致力于解决 Tensorflow 之前遇到的一系列问题以及完善一些核心能力。

TensorFlow 获得成功的因素有如下。

TensorFlow 提供了如下工具:

◇ TensorBoard:对于网络模型和效果来说是一个设计优良的可视化工具。

◇ TensorFlow Serving:可以保持相同的服务器架构和 API,使得部署新算法和实验变得简单。TensorFlow Serving 提供了与 TensorFlow 模型开箱即用的整合,但同时还能很容易扩展到其他类型的模型和数据。

◇ TensorFlow 编程接口支持 Python 和 C++。随着 1.0 版本的公布,Java、Go、R 和 Haskell API 的 alpha 版本也将被支持。此外,TensorFlow 还可在谷歌云和亚马逊云中运行。

◇ 随着 0.12 版本的发行,TensorFlow 将支持 Windows 7、Windows 10 和 Server

2016。由于 TensorFlow 使用 C＋＋Eigen 库,所以库可在 ARM 架构上编译和优化。这也就意味着你可以在各种服务器和移动设备上部署你的训练模型,而无需执行单独的模型解码器或者加载 Python 解释器。

◇ TensorFlow 支持细粒度的网格层,而且允许用户在无需用低级语言实现的情况下构建新的复杂的层类型。子图执行操作允许你在图的任意边缘引入和检索任意数据的结果。这对调试复杂的计算图模型很有帮助。

◇ 分布式 TensorFlow(Distributed TensorFlow)被加进了 0.8 版本,它允许模型并行,这意味着模型的不同部分可在不同的并行设备上被训练。

◇ 自 2016 年 3 月,斯坦福大学、伯克利大学、多伦多大学和 Udacity 都将这个框架作为一个免费的大规模在线开放课程进行教授。

TensorFlow 的缺点如下:

◇ TensorFlow 的每个计算流都必须构造为一个静态图,且缺乏符号性循环(symbolic loops),这会带来一些计算困难。

◇ 没有对视频识别很有用的三维卷积(3-D convolution)。

◇ 尽管 TensorFlow 现在比起初始版本快了 58 倍,但在执行性能方面依然落后于竞争对手。

2.5.2　Caffe

Caffe 是贾扬清的得意之作,目前他是阿里巴巴的技术副总裁,负责大数据计算平台的研发工作。Caffe 可能是自 2013 年底以来第一款主流的工业级深度学习工具包。正因为 Caffe 优秀的卷积模型,它已经成为计算机视觉界最流行的工具包之一,并在 2014 年的 ImageNet 挑战赛中一举夺魁。Caffe 遵循 BSD 2-Clause 协议。

Caffe 的快速使其完美应用于实验研究和商业部署。Caffe 可在英伟达单个 K40 GPU 上每天处理 6000 万张图像。这大概是 1 毫秒可预测一张图片,4 毫秒可学习一张图片的速度,而且最新的版本处理速度会更快。

Caffe 基于 C＋＋,因此可在多种设备上编译。它跨平台运行,并包含 Windows 端口。Caffe 支持 C＋＋、Matlab 和 Python 编程接口。Caffe 拥有一个庞大的用户社区,人们在其中为被称为 Model 200 的深度网络库做贡献。AlexNet 和 GoogleNet 就是社群用户构建的两个流行网络。

虽然 Caffe 在视频识别领域是一个流行的深度学习网络,但是 Caffe 却不能像 TensorFlow、CNTK 和 Theano 那样支持细粒度网络层。构建复杂的层类型必须以低级语言完成。由于其遗留架构,Caffe 对循环网络和语言建模的支持总体上很薄弱。

2.5.3　Caffe2

Caffe2 是 Facebook 在 2017 年开幕的 F8 年度开发者大会上发布的一款全新开源深度学习框架。与 Caffe 相比，Caffe2 更注重模块化，在移动端、大规模部署上表现卓越。如同 TensorFlow，Caffe2 使用 C++ Eigen 库支持 ARM 架构。

用一个实用脚本，Caffe 上的模型可轻易地被转变到 Caffe2 上。Caffe 设计的选择使得它处理视觉类型的难题会很完美。Caffe2 延续了它对视觉类问题的支持且增加了对自然语言处理、手写识别、时序预测有帮助的 RNN 和 LSTM 的支持。

在英伟达推出 Volta 架构的第一块加速卡 TeslaV100 后，Caffe 的开发者第一时间展示了 Tesla V100 在 Caffe2 上运行 ResNet-50 的评测。数据显示在新框架和新硬件的配合下，模型每秒钟可以处理 4100 张图片。

2.5.4　CNTK

微软的 CNTK(Microsoft Cognitive Toolkit)最初是面向语音识别的框架。CNTK 支持 RNN 和 CNN 类型的网络模型，在处理图像、手写字体和语音识别问题上是很好的选择。使用 Python 或 C++编程接口，CNTK 支持 64 位的 Linux 和 Windows 系统，在 MIT 许可证下发布。

与 TensorFlow 和 Theano 同样，CNTK 使用向量运算符的符号图(symbolic graph)网络，支持如矩阵加/乘或卷积等向量操作。此外，像 TensorFlow 和 Theano 一样，CNTK 有丰富的细粒度的网络层构建。构建块的细粒度使用户不需要使用低层次的语言(如 Caffe)就能创建新的复杂的层类型。

CNTK 也像 Caffe 一样基于 C++架构，支持跨平台的 CPU/GPU 部署。CNTK 在 Azure GPU Lab 上显示出最高效的分布式计算性能。目前，CNTK 不支持 ARM 架构，这限制了其在移动设备上的功能。

2.5.5　MXNet

MXNet 起源于卡内基梅隆大学和华盛顿大学的实验室。MXNet 是一个全功能、可编程和可扩展的深度学习框架，支持最先进的深度学习模型。MXNet 支持混合编程模型(命令式和声明式编程)和多种编程语言的代码(包括 Python、C++、R、Scala、Julia、Matlab 和 JavaScript)。2017 年 1 月 30 日，MXNet 被列入 Apache Incubator 开源项目。

MXNet 支持深度学习架构，如卷积神经网络(CNN)、循环神经网络(RNN)和其包含的长短时间记忆网络(LTSM)。该框架为图像、文字、语音的识别和预测以及自然语言处理提供了出色的工具。有些人称 MXNet 是世界上最好的图像分类器。

MXNet 具有可扩展的强大技术能力,如 GPU 并行和内存镜像、快速编程器开发和可移植性。此外,MXNet 与 Apache Hadoop YARN(一种通用分布式应用程序管理框架)集成,使得 MXNet 成为 TensorFlow 有力的竞争对手。

MXNet 不仅仅只是深度网络框架,它的区别还在于支持生成对抗网络(GAN)模型。该模型启发自实验经济学方法的纳什均衡。

2.5.6 Torch

Torch 由 Facebook 的 Ronan Collobert 和 Soumith Chintala,Twitter 的 Clement Farabet,以及 Google DeepMind 的 Koray Kavukcuoglu 共同开发。很多科技巨头(如 Facebook、Twitter 和英伟达)都使用定制版的 Torch 用于人工智能研究,这大大促进了 Torch 的开发。Torch 是 BSD3 协议下的开源项目。然而,随着 Facebook 对 Caffe2 的研究以及其对移动设备的支持,Caffe2 正成为主要的深度学习框架。

Torch 的编程语言为 Lua。Lua 不是主流语言,在开发人员没有熟练掌握 Lua 之前,使用 Torch 很难提高开发的整体生产力。

Torch 缺乏 TensorFlow 的分布式应用程序管理框架,也缺乏 MXNet 和 Deeplearning4J 对 YARN 的支持,缺乏多种编程语言的 API 也限制了开发人员。

2.5.7 PyTorch

PyTorch 由 Adam Paszke、Sam Gross 与 Soumith Chintala 等人牵头开发,其成员来自 Facebook FAIR 和其他多家实验室。它是一种 Python 优先的深度学习框架,在 2020 年 1 月被开源,提供了两种高层面的功能:

◇ 使用强大的 GPU 加速的 Tensor 计算(类似 numpy)构建于基于 tape 的 autograd 系统的深度神经网络。

◇ 该框架结合了 Torch7 高效灵活的 GPU 加速后端库与直观的 Python 前端,它的特点是快速成形、代码可读和支持最广泛的深度学习模型。如有需要,你可以复用你最喜欢的 Python 软件包(如 numpy、scipy 和 Cython)来扩展 PyTorch。该框架因为其灵活性和速度,在推出以后迅速得到了开发者和研究人员的青睐。随着 GitHub 上越来越多代码的出现,PyTorch 作为新框架缺乏资源的问题已经得以缓解。

2.5.8 Deeplearning4J

Deeplearning4J(DL4J)是用 Java 和 Scala 编写的 Apache 2.0 协议下的开源、分布式神经网络库。DL4J 最初由 SkyMind 公司的 Adam Gibson 开发,是唯一集成了 Hadoop 和

49

Spark 的商业级深度学习网络，并通过 Hadoop 和 Spark 协调多个主机线程。DL4J 使用 Map-Reduce 来训练网络，同时依赖其他库来执行大型矩阵操作。

DL4J 框架支持任意芯片数的 GPU 并行运行（对训练过程至关重要），并支持 YARN（Hadoop 的分布式应用程序管理框架）。DL4J 支持多种深度网络架构：RBM、DBN、卷积神经网络（CNN）、循环神经网络（RNN）、RNTN 和长短时间记忆网络（LTSM）。DL4J 还对矢量化库 Canova 提供支持。

DL4J 使用 Java 语言实现，本质上比 Python 快。在用多个 GPU 解决非平凡图像（non-trivial image）识别任务时，它的速度与 Caffe 一样快。该框架在图像识别、欺诈检测和自然语言处理方面的表现出众。

2.5.9　Theano

由蒙特利尔大学算法学习人工智能实验室（MILA）维护。以 Theano 的创始人 Yoshua Bengio 为首，该实验室是深度学习研究领域的重要贡献者，拥有约 30 至 40 名学生和教师。Theano 支持快速开发高效的机器学习算法，在 BSD 协议下发布。

Theano 的架构如同一个黑箱，整个代码库和接口使用 Python，其中 C/CUDA 代码被打包成 Python 字符串。这使得开发人员很难导航、调试和重构。

Theano 开创了将符号图用于神经网络编程的趋势。Theano 的符号式 API 支持循环控制（即 scan），这使得实现 RNN 容易且高效。

Theano 缺乏分布式应用程序管理框架，只支持一种编程开发语言。Theano 是很好的学术研究工具，在单个 CPU 上运行的效率比 TensorFlow 更有效。然而，在开发和支持大型分布式应用程序时，使用 Theano 可能会遇到挑战。

2.5.10　开源 vs 非开源

随着深度学习的不断发展，我们必将看到 TensorFlow、Caffe 2 和 MXNet 之间的不断竞争。另外，软件供应商也会开发具有先进人工智能功能的产品，从数据中获取最大收益。可能存在的风险：你将购买非开源的人工智能产品还是使用开源框架？有了开源工具，确定最适合的深度学习框架也是两难问题。在非开源产品中，你是否准备了退出策略？人工智能的收益会随着工具的学习能力的进步而上升，所以看待这些问题都需要用长远的观点。

2.5.11　PyTorch vs TensorFlow

回顾过去的几年，机器学习框架之争中还剩下两个竞争者：PyTorch 和 TensorFlow。根据调查分析表明，研究人员正在放弃 TensorFlow 并纷纷转向使用 PyTorch。然而与此同时,在工业界,TensorFlow 目前则是首选的平台,但这种情况可能不会持续太久。

PyTorch 在研究领域日益占据主导地位。让我们用数据说话! 有数据显示在近些年的研究会中,仅仅使用了 PyTorch 框架进行研究的论文数和使用了 TensorFlow 或 PyTorch 的论文总数的比例中,PyTorch 的占比越来越高,而且在 2019 年的每个主要的会议中,大多数的论文都采用 PyTorch 实现。

在 2018 年,PyTorch 在深度学习框架中的占比还很小。而现在,PyTorch 已成占据压倒性比重的多数。据统计,69%的 CVPR 论文、75%以上的 NAACL 和 ACL 论文,以及 50%以上的 ICLR 和 ICML 论文都选择使用 PyTorch。PyTorch 在视觉和语言类的会议上分别以 2:1 和 3:1 的比例超过了 TensorFlow,被使用的频繁度最为明显,而且 PyTorch 在 ICLR 和 ICML 等通用机器学习会议上也比 TensorFlow 更受欢迎。

虽然有些人认为 PyTorch 仍然是一个处于萌芽期的框架,试图在 Tensorflow 主导的世界中开辟出一片市场,但真实的数据却说明事实并非如此。除了在 ICML 上,其他学术会议中使用 TensorFlow 的论文的增长率甚至还赶不上整体论文数量的增长率。在 NAACL、ICLR 和 ACL 上,使用 TensorFlow 的论文数量实际上比往年还少。

事实上,需要为未来发展担忧的也许并不是 Pytorch,而是 TensorFlow。

对于 TensorFlow 和 PyTorch 而言,它们的设计逐渐趋同,二者都不太可能凭借其设计获得绝对性的胜利。与此同时,这两种机器学习框架都有其各自主导的领域——PyTorch 在学术界占据主导地位,而 TensorFlow 则在工业界更受欢迎。

在 PyTorch 和 TensorFlow 之间,也许 PyTorch 更有胜算。机器学习仍然是一个由研究驱动的领域。工业界不能忽视科学研究的成果,只要 PyTorch 在研究领域占据主导地位,就会迫使公司转而使用 PyTorch。然而,不仅机器学习框架迭代得非常快,机器学习研究本身也处于一场巨大的变革之中。发生变化的不仅仅是机器学习框架,5 年后使用的模型、硬件、范式与我们现在使用的可能有非常大的区别。也许,随着另一种计算模型占据主导地位,PyTorch 与 TensorFlow 之间的机器学习框架之争也将烟消云散。置身于这些错综复杂的利益冲突以及投入在机器学习领域的大量资金中,退一步,也许海阔天空。大多数从事机器学习软件的人去工作不是为了赚钱,也不是为了协助公司的战略计划,而是想要推进机器学习的研究,关心人工智能民主化,也或许他们只是想创造一些很酷的东西。我们大多数人并不是为了赚钱或协助我们企业的战略而从事机器学习软件事业,我们从事机器学习工作的原因只是我们关心机器学习研究的发展,使人工智能走进千家万户,或者仅仅只是因为我们想创造一些很酷的东西。无论你更喜欢 TensorFlow 还是 PyTorch,我们都有着一个共同的情怀:尽力做出最炫酷的机器学习软件!

即使 TensorFlow 在功能方面与 PyTorch 的水平差不多,但是 PyTorch 已经拥有了研究社区中的大多数用户。这意味着我们更容易找到 PyTorch 版本的算法实现,而作者也会更有动力发布 PyTorch 版本的代码,而你的合作者们很可能也更喜欢 PyTorch。因此,如果将代码移植回 TensorFlow 2.0 平台,这将会是一个很漫长的过程。

2.6　深度强化学习

强化学习是机器学习中的一个重要研究领域,它以试错的机制与环境进行交互,通过最大化累积奖赏来学习最优策略。强化学习智能体在当前状态 st 下根据策略 π 来选择动作。环境接收该动作并转移到下一状态 st+1,智能体接收环境反馈回来的奖赏 rt 并根据策略选择下一步动作。强化学习不需要监督信号,可以在模型未知的环境中平衡探索和利用,其主要算法有蒙特卡罗强化学习、时间差分学习、策略梯度等。

强化学习由于其优秀的决策能力在人工智能领域得到了广泛应用。然而,早期的强化学习主要依赖于人工提取特征,难以处理复杂高维状态空间下的问题。随着深度学习的发展,算法可以直接从原始的高维数据中提取出特征。深度学习具有较强的感知能力,但是缺乏一定的决策能力。而强化学习具有较强的决策能力,但对感知问题束手无策。因此,将两者结合起来,优势互补,能够为复杂状态下的感知决策问题提供解决思路。

深度强化学习是将深度学习与强化学习相结合的一种全新算法,实现了从感知到动作的端到端的学习。输入图像、文本、音频、视频等,通过 DRL 构建的深度神经网络的处理,可以实现直接输出动作,无须手工干预。在深度 Q 网络被提出以前,人们就对各种深度学习模型进行了许多研究,其中有不少学者将深度学习与强化学习相结合并应用到实际中。2013 年 DeepMind 公司的 Mnih 等提出了开创性的深度 Q 网络。通过 DQN,Agent 仅通过从图像中获取信息就能学会玩视频游戏。DQN 被提出以后,深度强化学习得到了广泛的关注,人们开始对其进行更深层次的研究,并将其应用到实际应用中。近年来,深度强化学习的成果层出不穷,最具代表性的有 DeepMind 公司于 2015 年和 2016 年连续在 Nature 上发表的关于深度强化学习的论文,这标志着深度强化学习的研究和应用进入了一个新的阶段。当今,深度强化学习的研究正处于快速发展的阶段,每年都有很多新算法被提出。总体而言,为人们所广泛认可的深度强化学习算法的研究方向主要包括 DQN 及其相关改进、基于策略的深度强化学习算法以及一些其他的研究工作。

近几年的深度强化学习算法的研究主要围绕 DQN 的相关研究和改进展开。DQN 将卷积神经网络与 Q 学习相结合,并引入经验回放机制,使得计算机能够直接根据高维感知输入来学习控制策略。2013 年,Mnih 等利用 DQN 训练计算机,成功使得计算机在 7 款 Atari 游戏中的 3 款上超过了人类专家的水平。

研究者们围绕 DQN 做了许多改进工作。Mnih 等将迭代式更新引入 DQN 中,降低了目标计算与当前值的相关性;Hasselt 等将双 Q 学习应用于 DQN 中,提出了双 DQN 算法,有效地避免了过于乐观的值估计;Wang 等提出了决斗模型,将状态值和动作优势值区分开,使得网络架构和 RL 算法能够更好地结合在一起;Schaul 等使用 DQN 对经验的优先次序进行处理，使用经验优先回放技术实现了高效的学习；此外，Osband、Hasselt、Lakshminarayanan、Munos、Vincent 等也分别从不同角度对 DQN 进行了研究，并提出了相关的改进方法。

尽管基于 Q 学习算法的 DQN 已在许多领域取得了不错的效果，但是在面对连续动作空间时，输出离散状态-动作值的 DQN 显得十分无力。此时，人们将策略梯度方法引入深度强化学习中。在策略梯度方法的基础上，Lillicrap 等于 2015 年提出了深度确定性策略梯度算法（DDPG）。DDPG 是深度强化学习应用于连续控制强化学习领域的一种重要算法，将确定性策略梯度算法与 Actor-Critic 框架相结合，提出了一个任务无关的模型，并使用相同的参数解决了 20 多个连续控制的仿真问题。DDPG 采取经验回放机制，通过目标网络的参数不断与原网络的参数加权平均进行训练，以避免振荡。

除 DDPG 算法之外，另一个著名的基于策略的算法是 Heess 等于 2017 年提出的分布式近似策略优化算法（DPPO）。DPPO 是信赖域策略优化算法的改良版本，适用于许多领域，是一种通用的优化思想。DPPO 算法引入了旧策略和更新之后的策略所预测的概率分布之间的 KL 差异，使得更新前后的策略不会相差太大，避免了参数训练的震荡，并据此来控制参数更新的过程。此外，Zhang、Duan、Balduzzi、Heess 等也针对策略梯度方法在深度强化学习中的应用进行了研究，并取得了一定的成果。

除了关于 DQN 和策略梯度方法的研究外，人们对深度强化学习的算法及模型架构还做了许多相关研究。其中，比较著名的包括异步优势行动者评论家（A3C）算法。A3C 算法是由 Mnih 等于 2016 年提出的，该算法是深度强化学习算法的集大成者，融合了之前几乎所有的深度强化学习算法。

A3C 算法采取了不同的 actor-learners 并行探索环境的方法，每个 actor-learner 独自探索并在线更新全局策略参数。利用这种方法，可以不再依赖经验池来存储历史经验，极大地缩短了训练的时间。

此外，人们还从其他角度对深度强化学习的算法及模型架构进行了研究。Jaderberg 等提出了无监督辅助强化学习算法，通过训练多个辅助任务来改进算法，极大地提高了算法的性能；Finn 等对逆向深度强化学习进行了研究；Oh 等提出了一种基于记忆的深度强化学习模型。此外，Kulkarni、Houthooft、Fernandez 等人也从不同角度对深度强化学习的算法及模型架构进行了研究，并取得了引人关注的成果。

强化学习与标准的有监督学习的不同之处在于：不会存在期望的输入与输出训练数据，也不会精准优化数据的权值。强化学习更专注于在线规划，探索未知的数据和现有知识之间的平衡，并调整现有知识结构以适应被探索的未知数据，并将探索过程利益最大化。传统的有监督学习方式更加注重模型最大限度地满足输入与输出地对应关系。此外，强化学习简单而言是一种基于试错方式的学习理论，没有直接的参数指导，只与环境有关，通过反复的试错得到最佳的运行策略。强化学习的训练过程是一个从无到有的过程，在初始状态,代理的动作是任意的,发出的动作也无规律可言,但是通过不断尝试,从错误中不断学习,最终找到规律,以达到学习的目的。强化学习的整个过程,无须人工标记的数据参与,极大减少了人工前期参与量,这也是强化学习备受关注的原因之一。

2.7 蒙特卡洛树搜索

蒙特卡洛树搜索(MCTS)算法分为四步,第一步是 Selection,就是在树中找到一个最好的值得探索的节点,一般策略是先选择未被探索的子节点,如果都探索过就选择 UCB 值最大的子节点。第二步是 Expansion,就是在前面选中的子节点中走一步创建一个新的子节点,一般策略是随机自行一个操作并且这个操作不能与前面的子节点重复。第三步是 Simulation,就是在前面新 Expansion 出来的节点开始模拟游戏,直到到达游戏结束状态,这样可以收到这个 expansion 出来的节点的得分是多少。第四步是 Backpropagation,就是把前面 expansion 出来的节点得分反馈到前面所有父节点中,更新这些节点的 quality value 和 visit times,方便后面计算 UCB 值。基本思路就是这样的,通过不断的模拟得到大部分节点的 UCB 值,然后下次模拟的时候根据 UCB 值有策略的选择值得利用和值得探索的节点继续模拟,在搜索空间巨大并且计算能力有限的情况下,这种启发式搜索能更集中地、更大概率找到一些更好的节点。

MCTS 是所有现代围棋程序的核心组件。在此之上可以加入各种技巧和改进(如 AlphaGo 的策略网络和价值网络)。很少见到关于 MCTS 的详细介绍,而且许多看似详细的介绍实际有错误,甚至许多人会混淆蒙特卡洛树搜索和蒙特卡洛方法,这两者有本质区别。用做过渲染器的朋友理解的话来说:蒙特卡洛方法有偏差,而 MCTS 没有偏差。

2.7.1 极小极大搜索

我们看一下传统的博弈游戏树搜索,即著名的极小极大(Minimax)搜索,如图 2-27,假设现在轮到黑棋,黑棋有 b1 和 b2 两手可选,白棋对于 b1 有 w1 和 w2 两手可选,白棋对于 b2 有 w3 w4 w5 三手可选:

然后假设走完 w1/w2/w3/w4/w5 后,经过局面评估,黑棋的未来胜率分别是 50%/48%/62%/45%/58%(等一下,这些胜率是怎么评估出来的?请思考一下)。请问,黑棋此时最佳的着法是 b1 还是 b2? 如果是用蒙特卡洛方法,趋近的会是其下所有胜率的平均值。例如经过蒙特卡洛模拟,会发现 b1 后续的胜率是 $49\% = [(50+48)/2]\%$,而 b2 后续的胜率是 $55\% = [(62+45+58)/3]\%$。

因此,蒙特卡洛方法说应该走 b2,因为 55%比 49%的胜率高。但这是错误的。因为如果白棋够聪明,会在黑棋走 b1 的时候回应以 w2(尽量降低黑棋的胜率),在黑棋走 b2 的时候回应以 w4（尽量降低黑棋的胜率）。

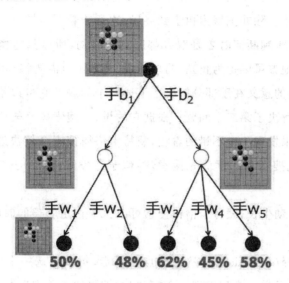

图 2-27　极小极大搜索

所以走 b1 后黑棋的真实胜率是 48%，走 b2 后黑棋的真实胜率是 45%。黑棋的正解是 b1。这就是 Minimax 搜索的核心思想：在搜索树中，每次轮到黑棋走时，走对黑棋最有利的；轮到白棋走时，走对黑棋最不利的。由于围棋是零和游戏，这就可以达到最优解。这是一个由底往上的过程：先把搜索树画到我们可以承受的深度，然后逐层往上取最大值或最小值回溯，就可以看到双方的正解（如果胜率评估是准确的）。而实际编程的时候，是往下不断生长节点，然后动态更新每个父节点的胜率值。

值得注意的是，在实际对局中，胜率评估会有不准确的地方，这就会导致"地平线效应"，即由于电脑思考的深度不够，且胜率评估不够准确，因此没有看见正解。

Minimax 搜索还有许多后续发展，如课本会说的 Alpha-beta 剪枝，以及更进一步的 Null Window/ NegaScout/ MTD(f) 等等。可惜这些方法更适合象棋等棋类，对于围棋的意义不大（除非已经接近终局），请读者思考原因。

蒙特卡洛树搜索和蒙特卡洛方法的区别在于：

如果用蒙特卡洛方法做上一百万次模拟，b1 和 b2 的胜率仍然会固定在 49% 和 55%，不会进步，永远错误。所以它的结果存在偏差（Bias），当然，也有方差（Variance）。

而蒙特卡洛树搜索在一段时间模拟后，b1 和 b2 的胜率就会向 48% 和 45% 收敛，从而给出正确的答案。所以它的结果不存在偏差，只存在方差。但是，对于复杂的局面，它仍然有可能长时间陷入局部最优，直到很久之后才开始收敛到全局最优。

2.7.2　蒙特卡洛树搜索

如果想把 Minimax 搜索运用到围棋上，立刻会遇到两个困难：

◇ 搜索树太广。棋盘太大,每一方在每一步都有很多着法可选。

◇ 很难评估胜率。除非把搜索树走到终局,这意味着要走够三百多步(因为对于电脑来说,甚至很难判断何时才是双方都同意的终局,所以只能傻傻地填子,一直到双方都真的没地方可以走为止)。简单地说,搜索树也需要特别深。

蒙特卡洛树搜索的意义在于部分解决了上述两个问题。它可以给出一个局面评估,虽然不准确,但也部分解决了第二个问题。根据它的设计,搜索树会较好地自动集中到"更值得搜索的变化"。如果发现一个不错的着法,蒙特卡洛树搜索会较快地把它看到很深,可以说它结合了广度优先搜索和深度优先搜索,类似于启发式搜索。这就部分解决了第一个问题。

随着搜索树的自动生长,蒙特卡洛树搜索可以保证在足够长的时间后收敛到全局最优解。下面看具体过程:

◇ 第一步是选择(Selection)。从根节点往下走,每次都选一个"最值得看的子节点"(具体规则稍后说),直到来到一个"存在未扩展的子节点"的节点。什么叫作"存在未扩展的子节点",其实就是指这个局面存在未走过的后续着法。

◇ 第二步是扩展(Expansion)。我们给这个节点加上一个 0/0 子节点,对应之前所说的"未扩展的子节点",就是还没有试过的一个着法。

◇ 第三步是模拟(Simluation)。从上面这个没有试过的着法开始,用快速走子策略(Rollout policy)走到底,得到一个胜负结果。按照普遍的观点,快速走子策略适合选择一个棋力很弱但走子很快的策略。因为如果这个策略走得慢(比如用AlphaGo 的策略网络走棋),虽然棋力会更强,结果会更准确,但由于耗时多了,在单位时间内的模拟次数就少了,所以不一定会棋力更强,有可能会更弱。这也是为什么我们一般只模拟一次,因为如果模拟多次,虽然更准确,但更慢。

◇ 第四步是回溯(Backpropagation)。把模拟的结果加到它的所有父节点上。例如第三步模拟的结果是 0/1(代表黑棋失败),那么就把这个节点的所有父节点加上 0/1。

2.7.3 关于细节

怎么选择节点?和以前一样,如果轮到黑棋走,就选对于黑棋有利的;如果轮到白棋走,就选对于黑棋最不利的。但不能太极端,不能每次都只选择"最有利的/最不利的",因为这会意味着搜索树的广度不够,容易忽略实际更好的选择。

AlphaGo 的策略网络可以用于改进分数公式,让我们更准确地选择需扩展的节点。而AlphaGo 的价值网络可以与快速走子策略的模拟结果相结合,得到更准确的局面评估结果。注意,如果想写出高效的程序,这里还有很多细节,因为策略网络和价值网络的运行毕竟需要时间,我们不希望等到网络给出结果再进行下一步,在等的时候可以先做其他事情,例如 AlphaGo 还有一个所谓 Tree policy，是在策略网络给出结果之前先用着。

如果没有谷歌的 DeepMind 在过去这些年的令人鼓舞的成就，特别是他的 AlphaGo，深度学习的最佳名单将是不完整的。

其后发表的 AlphaGo Zero 论文避免了集成人类的知识和经验：它只通过"自我博弈"进行训练，这是通过改进的强化学习训练程序来实现的，其中的策略会随着游戏的前向模拟而更新，用于指导搜索的神经网络在游戏过程中得到改善，使训练速度更快。仅仅在大约 40 个小时的游戏时间之后 AlphaGo Zero 甚至超过了 AlphaGo Lee 的表现，如图 2-28 所示。

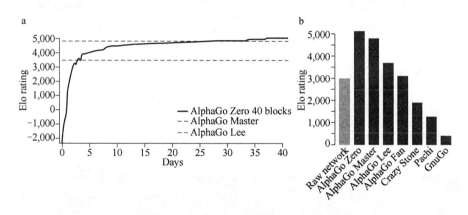

图 2-28 AlphaGo Zero 与其他模型的对比

尽管很多人对这篇论文的兴趣主要集中在工程学层面，但 AlphaGo 采用的混合经典和深度学习方法也令人倍受鼓舞，在这种方法中，蒙特卡洛树搜索的增加使得系统性能优于单片神经网络。这或许给了我们这样一个启示：使用经典算法作为决策的主干，并使用机器学习来提高性能或克服计算限制。这篇论文充满了有趣的技术细节和见解，值得细细品读。

2.8 生成对抗网络

顾名思义，生成对抗网络（Generative Adversarial Network，简称 GAN）是非监督式学习的一种方法，通过让两个神经网络相互博弈的方式进行学习，是一种通过对抗、竞争的方式生成数据的网络结构，主要解决的问题是如何生成符合真实样本概率分布的新样本。生成对抗网络由生成模型 G 和判别模型 D 两个子模型组成。生成模型的目的是使生成的新样本与真实样本尽可能相似，而判别模型的目的则是尽量准确无误地区分真实样本和生成样本。

生成对抗网络及其训练过程可以通过赝品制造和文物鉴定这一活动做形象的类比说

明。其中,可以将制造赝品的作坊看作生成模型,将负责检测文物真伪的鉴定专家看作是判别模型。赝品作坊的目标是想法设法制造出和文物真品一模一样的赝品,使得专家无法区分出赝品和真品。而鉴定专家的目标是想法设法检测出赝品和真迹,让赝品无所遁形。假设有两款青花瓷均号称官窑,一真一假。一开始鉴定专家能够很好地区分出赝品,因为赝品的落款不正确。而作坊获知是由于落款原因导致赝品被识破的,他们就会改进造假手段。第二次,等新的赝品出炉后,鉴定专家或许又发现其他破绽,进而给出赝品的判断结论。然后,作坊又一次完善造假手段,如此循环往复。在这个不断迭代的过程中,作坊丰富了造假手段,提高了赝品制造水平,几乎能够产出和青花瓷真品相差无几的赝品。同时,鉴定专家的鉴定手段和水平也获得了提升,能够更加准确地分出赝品和真品。

2.8.1　CycleGAN

我们来学习另一篇关于改进生成对抗网络的论文。该论文的目标是学会在不成对的图像集之间进行转换,如图 2-29 所示。

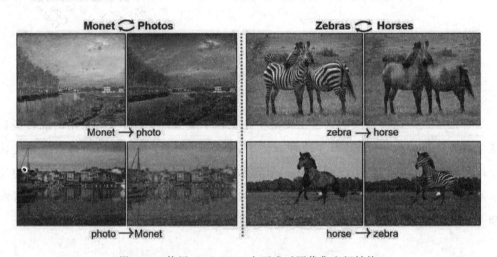

图 2-29　使用 CycleGAN 在不成对图像集之间转换

作者开始有两套不同领域的图像,如马和斑马,并学习两种转换网:一种将马转换为斑马,另一种则相反。每一种转换都进行一种样式转换,但不是针对单个图像的风格,而是在网络中发现的一组图像的聚合风格。

转换网被训练成一对 GAN,每个网络都试图欺骗鉴别者,使其相信"转换后"的图像是真实的。引入了额外的"循环一致性损失"鼓励图像在经过两个转换网络(即向前和向后)之后保持不变。

论文的视觉效果是惊人的,建议去 GitHub 看看一些其他的例子。这篇论文特别吸引人，与许多以前的方法不同的地方是：它学会在不成对图像集之间进行转换，打开可能不存在匹配图像对的应用程序的大门。此外，代码易于实现，也证明了该方法的可行性。

2.8.2 WASSERSTEIN DISTANCE

我们再来看一篇关于 GAN 的有趣论文，其目标是使用更好的目标函数来更稳定地训练 GAN。

这篇论文提出了使用稍微不同的目标函数训练生成抗性网络，新提出的目标函数比标准 GAN 训练要稳定得多，因为它避免了在训练过程中消失梯度，如图 2-30 所示。

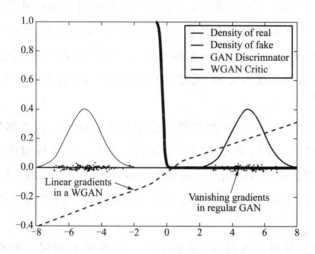

图 2-30　使用不同的目标函数训练生成抗性网络

使用次修改的目的，作者还避免了一个称为模式崩溃的问题，其中标准 GAN 仅从可能输出的一个子集中产生样本。例如，如果一个 GAN 正在训练产生手写的数字 4 和 6，则 GAN 可能只生产 4，并不能在训练中规避这个局部最小值。而通过消除在训练目标梯度，即所谓的 Wasserstein GAN 来避免此问题。

这篇论文独辟蹊径，特立独行，主要体现在以下几个方面：

（1）激发一个简单的想法。

（2）在数学上显示为什么应该改进当前的技术水平。

（3）有一个令人印象深刻的结果展示其有效性。

此外，作者提出的修改在几乎所有流行的深度学习框架中都很容易实现，使得采用所提出的改变是切实可行的。

2.9 深度学习框架 TensorFlow

2.9.1 TensorFlow 的简介

TensorFlow 由谷歌于 2015 年 11 月向公众正式开源,汲取了其前身——DistBelief 在创建和使用中多年积累的经验与教训的产物。TensorFlow 的设计目标是保证系统的灵活性、高效性、可扩展性以及可移植性。任何形式和尺寸的计算机,从智能手机到大型计算集群,都可运行 TensorFlow。TensorFlow 中包含了可即刻将训练好的模型产品化的轻量级软件,有效地消除了重新实现模型的需求。TensorFlow 提倡创新,鼓励开源的社区参与,但也拥有大公司的支持和引导,并保持一定的稳定性。由于其强大的功能,TensorFlow 不仅适合个人使用,对于各种规模的公司,无论是初创小微公司,独角兽企业、还是跨国公司都非常适合。

但需要注意的是,TensorFlow 的主要目标并非是提供现成的机器学习解决方案。相反,TensorFlow 提供了一个可使用户用数学方法从零开始定义模型的函数和类的广泛套件。这使得具有一定技术背景的用户可迅速而直观地创建自定义的、具有较高灵活性的模型。此外,虽然 TensorFlow 为面向机器学习的功能提供了广泛支持,但它也非常适合做复杂的数学计算。

TensorFlow 具有很好的灵活性,能够运行在不同类型和尺寸的机器之上。这使得 TensorFlow 无论是在超级计算机上,还是在嵌入式系统,或任何其他介于两者之间的计算机上都有用武之地。TensorFlow 的分布式架构使得在大规模数据集上的模型训练可在合理的时间内完成。TensorFlow 可利用 CPU、GPU,或同时使用这两者。

使用 TensorFlow,你必须明白以下关于 TensorFlow 的特征:

- 使用图(graph)来表示计算任务。
- 在被称之为会话(session)的上下文(context)中执行图。
- 使用 tensor 表示数据。
- 通过变量(variable)维护状态。
- 使用 feed 和 fetch 为任意操作输入和输出数据。

TensorFlow 是一个编程系统,使用图来表示计算任务。图中的节点被称之为 op(operation 的缩写)。一个 op 获得 0 个或多个 Tensor,执行计算,产生 0 个或多个 Tensor。每个 Tensor 是一个类型化的多维数组。例如,你可以将一小组图像集表示为一个四维浮点数数组,这四个维度分别是 batch、height、width 和 channels。一个 TensorFlow 图描述了计算的过程。为了进行计算,图必须在会话里被启动。会话将图的 op 分发到诸如 CPU 或

GPU 之类的设备上，同时提供执行 op 的方法。这些方法执行后，将产生的 tensor 返回。在 Python 语言中，返回的 tensor 是 numpy ndarray 对象。在 C 和 C++语言中，返回的 tensor 是 tensorflow::Tensor 实例。

TensorFlow 程序通常被组织成一个构建阶段和一个执行阶段。在构建阶段，op 的执行步骤被描述成一个图。在执行阶段，使用会话执行执行图中的 op。

TensorFlow 支持 C、C++、Python 编程语言。目前，TensorFlow 的 Python 库更加易用，它提供了大量的辅助函数来简化构建图的工作，这些函数尚未被 C 和 C++库支持。三种语言的会话库（session libraries）是一致的。

TensorFlow 最早由 Google Brain 的研究员和工程师开发，设计初衷是加速机器学习的研究，并快速地将研究原型转化为产品。Google 选择开源 TensorFlow 的原因也非常简单：第一是希望通过社区的力量，让大家一起完善 TensorFlow；第二是回馈社区，Google 希望让这个优秀的工具得到更多的应用，从整体上提高学术界乃至工业界使用深度学习的效率。

TensorFlow 既是一个实现机器学习算法的接口，同时也是执行机器学习算法的框架。它前端支持 Python、C++、Go、Java 等多种开发语言，后端使用 C++、CUDA 等写成。TensorFlow 实现的算法可以在众多异构的系统上方便地移植，比如 Android 手机、Iphone、普通的 CPU 服务器，乃至大规模 GPU 集群。除了可执行深度学习算法，TensorFlow 还可以实现许多其他算法，包括线性回归、逻辑回归、随机森林等。

TensorFlow 中的计算可以表示为一个有向图（directed graph），或称计算图（computation graph），其中每一个运算操作（operation）将作为一个节点（node），节点与节点之间的连接称为边（edge）。在计算图的边中流动（flow）的数据被称为张量（tensor），故得名 TensorFlow。而 tensor 的数据类型，可以是事先定义的，也可以根据计算图的结构推断得到。

运算核是一个运算操作在某个具体硬件（比如在 CPU 或者 GPU 中）的实现。在 TensorFlow 中，可以通过注册机制加入新的运算操作或者运算核。

Session 是用户使用 TensorFlow 时的交互式接口。用户可以通过 Session 的 Extend 方法添加新的节点和边，用以创建计算图，然后就可以通过 Session 的 Run 方法执行计算图。

在大多数运算中，计算图会被反复执行多次，而数据也就是 tensor 并不会被持续保留，只是在计算图中过一遍。但是，Variable 是一类特殊的运算操作，它可以将一些需要保留的 tensor 储存在内存或显存中，比如神经网络模型中的系数。每一次执行计算图后，Variable 中的数据 tensor 将会被保存，同时在计算过程中这些 tensor 也可以被更新。

TensorFlow 支持的设备包括 x86 架构 CPU、手机上的 ARM CPU、GPU、TPU（Tensor Processing Unit，Google 专门为大规模深度学习计算定制的芯片）。

深度学习研究的热潮持续高涨，各种开源深度学习框架也层出不穷，Google、Microsoft、Facebook 等巨头都参与了这场深度学习的框架大战，此外还有毕业于伯克利大学的贾扬清主导开发的 Caffe，蒙特利尔大学 Lisa Lab 团队的 Theano 等等。然而 TensorFlow 却杀出重围，在关注度和用户数上都占据绝对优势，大有独霸天下之势。究其原因，主要是 Google 在业界的号召力确实强大，之前也有许多成功的开源项目，以及 Google 强大的人工智能研发水平，都让大家对 Google 的深度学习框架充满信心，以至于 TensorFlow 在 2015 年 11 月刚开源的第一个月就积累了 10000＋的 star。

可以看到，各大主流框架基本都支持 Python，目前 Python 在科学计算和数据挖掘可以说是独领风骚。它的库实在是太完善了，web 开发、数据可视化、数据预处理、数据库连接、爬虫等无所不能，有一个完美的生态环境。仅在数据挖掘工具链上，Python 就有 NumPy、SciPy、Pandas、Scikit-learn、XGBoost 等组件，做数据采集和预处理都非常方便。

通常安装 TensorFlow 分为两种情况，一种是只使用 CPU，安装相对容易。另一种是使用 GPU，这种情况还需要安装 CUDA 和 cuDNN，情况相对复杂。然而不管哪种情况，我们都推荐使用 Anaconda 作为 Python 环境，因为可以避免大量的兼容性问题。TensorFlow 目前支持得比较好的操作系统是 Linux 和 Mac。本书主要讲解在 Linux 下安装 TensorFlow 的过程。

Anaconda 是 Python 的一个科学计算发行版，内置了数百个 Python 经常会使用的库，也包括许多我们做机器学习或数据挖掘的库。我们在安装这些库时，通常都需要花费不少时间编译，而且经常容易出现兼容性问题，Anaconda 提供了一个编译好的环境可以直接安装。同时，它自动集成了最新版的 MKL(Math Kernel Libarary)库，功能上包含了 BLAS 等矩阵运算库的功能，可以作为 NumPy、SciPy、Scikit-learn 等库的底层依赖，加速这些库的矩阵运算和线性代数运算。简言之，Anaconda 是目前最好的科学计算的 Python 环境，方便了安装，也提高了性能。

如果有条件，建议使用 GPU 版本，因为在训练大型网络或者大规模数据时，CPU 版本的速度可能会很慢。

TensorFlow 的 GPU 版本安装相对复杂，目前 TensorFlow 仅对 CUDA 支持较好，因此我们首先需要一块 NVIDIA 显卡，AMD 的显卡只能使用实验性支持的 OpenCL，效果不是很好。接下来，我们需要安装显卡驱动、CUDA 和 cuDNN。

CUDA 是 NVIDIA 推出的使用 GPU 资源进行通用并行计算架构，该架构使 GPU 能够解决复杂的计算问题，CUDA 的安装包里一般集成了显卡驱动。开发人员可以使用 C 语言来为 CUDA 架构编写程序，所编写出的程序可以在支持 CUDA 的处理器上以超高性能运行。CUDA3.0 已经开始支持 C＋＋和 FORTRAN。

cuDNN 的全称是 NVIDIA CUDA@Deep Neural Network Library，是 NVIDIA 专门针对深度神经网络中的基础操作(比如 CNN 和 RNN)而设计的基于 GPU 的加速库。因为

cuDNN 为深度神经网络中的标准流程提供了高度优化的实现方式,如卷积操作、池化操作、标准化以及激活层的前向和后向过程等,底层使用了很多先进技术和接口,所以比其他 GPU 上的神经网络性能要高不少,是一种高度优化的实现,或者说是 NVIDIA 深度神经网络软件开发包中的一种加速库。目前,基本上所有的深度学习框架(如 Caffe、Caffe2、TensorFlow、Torch、Pytorch、Theano 等)都支持 cuDNN 这一加速工具。

下面我们使用 TensorFlow 实现一个简单的机器学习算法 Softmax Regression,这可以算作是一个没有隐含层的最浅的神经网络,整个流程可以概括为四个部分:

(1) 定义算法公式,也就是神经网络 forward 时的计算;这里选用一个叫作 Softmax Regression 的算法训练手写数字识别的分类模型。当我们处理多分类任务时,通常需要使用 Softmax Regression 模型,即使是卷积神经网络或者循环神经网络,如果是分类模型,最后一层也同样是 Softmax Regression。

(2) 定义 loss,选定优化器,并指定优化器优化 loss。loss 越小,代表模型的分类结果与真实值的偏差越小,也就是说模型越精确,训练的目的就是不断将这个 loss 减小,直到达到一个全局最优或者局部最优解。对多分类问题,通常使用 cross-entropy 作为 loss function,cross-entropy 也经常用于通信、纠错码、博弈论、机器学习等。

(3) 迭代地对数据进行训练。每次都随机从训练集中抽取 100 条样本构成一个 mini-batch,并 feed 给 placeholder,然后调用 train-step 对这些样本进行训练。使用一小部分样本进行训练称为随机梯度下降,与每次使用全部样本的传统的梯度下降对应。如果每次都使用全部样本,计算量太大,有时也不容易跳出局部最优。因此,对于大部分机器学习问题,我们都只使用一小部分数据进行随机梯度下降,这种做法绝大多数时候会比全样本训练的收敛速度快很多。

(4) 在测试集或验证集上对准确率进行评测。

以上这几个步骤是我们使用 TensorFlow 进行算法设计、训练的核心步骤。

2.9.2 TensorFlow 的优势

之所以选择 TensorFlow,主要是基于以下考虑:
- 高质量的文档。
- 丰富的参考实例。
- 活跃的开发者社区。

2.9.3 TensorFlow 的安装

- **Linux 下 TensorFlow 的安装**

如果大家会使用 Linux 系统,就在 Linux 下安装 TensorFlow 吧,比 Windows 下配置环境简单多了,而且大家一般做深度学习都在 Linux 环境下。

(1) Python API (含 Python 2.7、Python3.3+、Python library)。

(2) NVIDIA Toolkit(CUDA 7.5,cuDNN V5)。

(3) 为了编译并运行能够使用 GPU 的 TensorFlow,需要先安装 NVIDIA 提供的 Cuda Toolkit 和 CUDNN。

(4) pip install(pip3 install)。

(5) Docker(docker run)。

以前早期版本的 TensorFlow 不支持 Windows 系统,目前的新版本的 TensorFlow 支持 Windows 系统。有多种 TensorFlow 安装方式,比如:Pip install、Virtualenv install、Anaconda install、Docker install、installing from sources 等,其中 Pip 安装是一种常用的安装方式。

有几种安装 TensorFlow 的方法,Windows 操作系统对于 TensorFlow 生态系统来说不是一个好的选择,但是却可以在使用广泛的 Windows 操作系统上使用 TensorFlow。虽然在图像处理卡(GPU)上运行机器学习任务会更快,但谷歌公司为 CPU 和 GPU 两个不同的结构都提供了方案,其中 GPU 功能能够在更强大的 NVIDIA 公司的 CUDA 上运行。

Ubuntu 16.04 还是一个 LTS(Long Term Support,长期支持)版本,也就是说,桌面版拥有 3 年的支持,服务器版拥有 5 年的支持。

对开发者最友好、最复杂的 TensorFlow 安装方法是源码安装,步骤如下:

(1) 安装 Git 代码版本管理器。Git 是最著名的代码版本管理器之一。Google 的很多开源代码都是发布在 Github 上。

(2) 安装 Bazel 构建工具。Bazel 是谷歌公司的软件构建工具,其优势体现在支持多种开发语言,包括 C++、Java、Python 等,支持多种代码库,如 Github、Maven 等。

(3) 安装 GPU 支持(可选)。TensorFlow 中唯一的获取 GPU 运算支持的方法就是通过 CUDA。

(4) 安装 CUDA 系统包。由于 TensorFlow 安装需要一个严格的文件结构,所以必须在文件系统上为 CUDA 配置类似的结构,也就是创建替换位置,然后安装 cuDNN,TensorFlow 使用了额外的 cuDNN 包来加速深度神经网络操作。

(5) 克隆 TensorFlow 源码。

(6) 配置 TensorFlow 的构建环境。

(7) 构建 TensorFlow。

(8) 测试安装是否成功。

下面开始安装的过程。

(1) 安装 Anaconda

Anaconda 是一个用于科学计算的 Python 发行版,支持 Linux、Mac、Windows,包含了

众多流行的科学计算、数据分析的 Python 包。Tensorflow 底层使用 C＋＋实现的，然后使用 Python 封装，暂时只支持这两种语言，使用最多的是 Python。很多的行业大牛都推荐使用 Anaconda，因为他可以隔离多个 Python 环境，同时解决掉了很多 Python 包的依赖。下载 Anaconda，官网下载，速度太慢，推荐清华的镜像源，下载后执行. /Anaconda3-4. 4. 0-Linux-x86_64. sh，如图 2-31 所示。

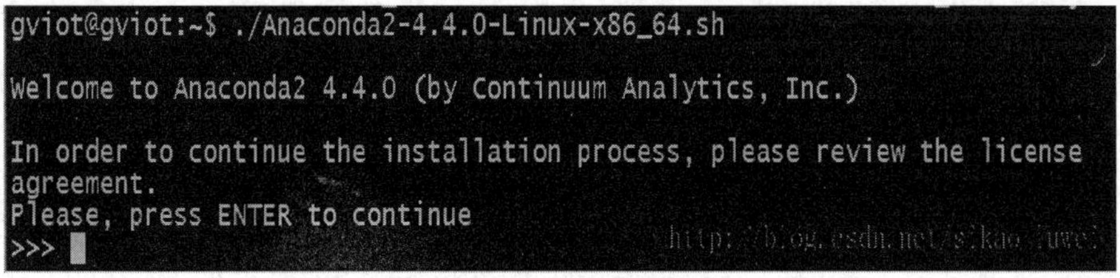

图 2-31 Anaconda 安装

此处回车即可。然后输入 q，并确认 license，输入 yes。选择安装路径，一般选择默认，回车即可。后面就会安装很多包，等待即可。下一步，选择是否将 anaconda 作为环境变量加入 bashrc 中，建议选择 yes。安装 anaconda 完毕，执行：

export PATH＝"/home/gviot/anaconda2/bin：$PATH"/home/gviot/anaconda2，为你的安装路径。

（2）安装 keras

可以使用 pip install keras 安装，也可以到 github 上下载你所需要的版本，执行如下代码安装：

```
tar -xvzf keras-2.0.6.tar.gz
cd keras-2.0.6
python setup.py install
```

keras 的配置文件在 $HOME 下的. keras 目录下。

（3）安装 tensorflow

到 github 上下载符合你条件的编译好版本，如图 2-32 所示。

执行 pip install tensorflow_gpu-1. 2. 1-cp27-none-linux_x86_64. whl 安装。

使用这种编译好的版本时，会有类似"The TensorFlow library wasn't compiled to use SSE3 instructions，but these are available on your machine and could speed up CPU computations."打印输出，意思是说：你的机器上有这些指令集可以用，并且用了它们会加快你的 CPU 运行速度，但是你的 TensorFlow 在编译的时候并没有用到这些指令集。有两种解决办法，一种是自己编译 Tensorflow，在编译时使用这些指令集，另一种是在 $HOME 下的. bashrc 最后添加 export TF_CPP_MIN_LOG_LEVEL＝2，并在 terminal 中输入

export TF_CPP_MIN_LOG_LEVEL＝2。

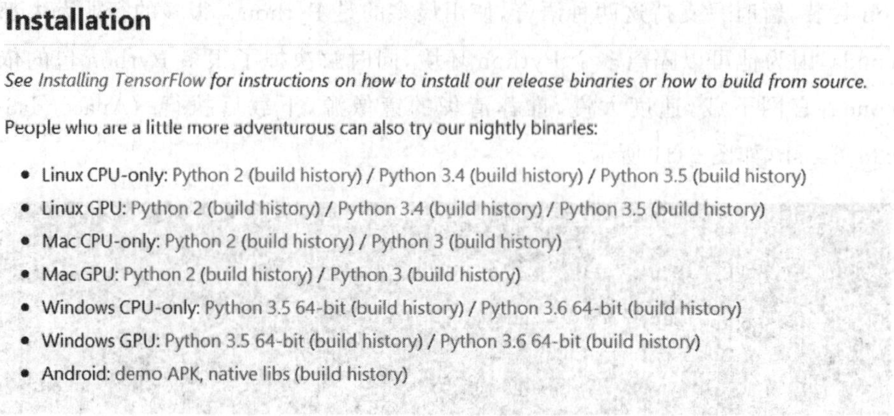

Installation

See Installing TensorFlow for instructions on how to install our release binaries or how to build from source.

People who are a little more adventurous can also try our nightly binaries:

- Linux CPU-only: Python 2 (build history) / Python 3.4 (build history) / Python 3.5 (build history)
- Linux GPU: Python 2 (build history) / Python 3.4 (build history) / Python 3.5 (build history)
- Mac CPU-only: Python 2 (build history) / Python 3 (build history)
- Mac GPU: Python 2 (build history) / Python 3 (build history)
- Windows CPU-only: Python 3.5 64-bit (build history) / Python 3.6 64-bit (build history)
- Windows GPU: Python 3.5 64-bit (build history) / Python 3.6 64-bit (build history)
- Android: demo APK, native libs (build history)

图 2-32　下载符合条件的版本

（4）测试环境

使用 keras-2.0.6/examples/mnist_cnn.py 测试安装是否正常，如图 2-33 所示。

CUDA_VISIBLE_DEVICES = 0 python keras-2.0.6/examples/mnist_cnn.py

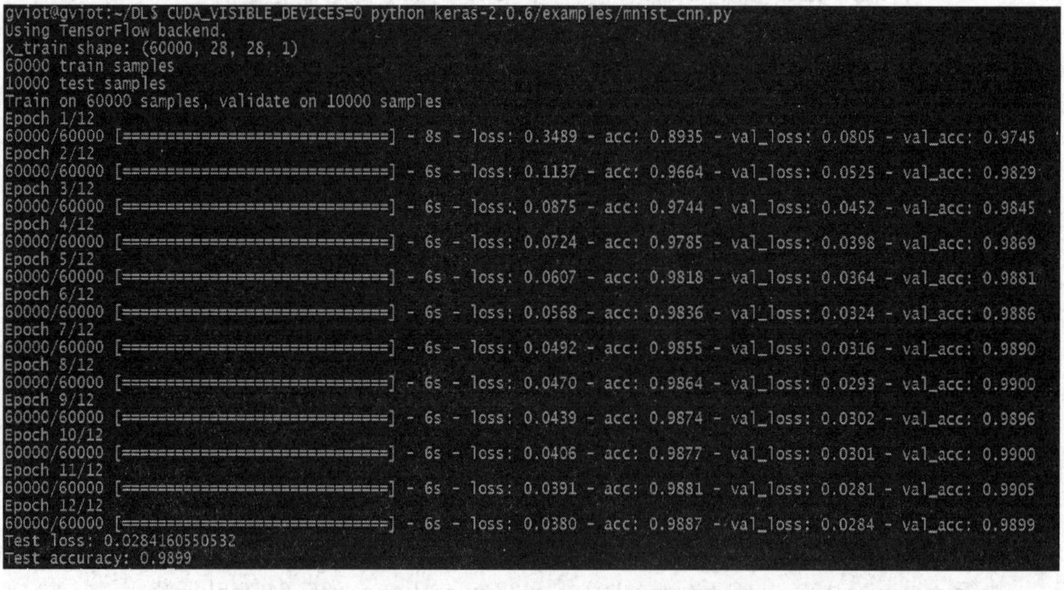

```
gviot@gviot:~/DL$ CUDA_VISIBLE_DEVICES=0 python keras-2.0.6/examples/mnist_cnn.py
Using TensorFlow backend.
x_train shape: (60000, 28, 28, 1)
60000 train samples
10000 test samples
Train on 60000 samples, validate on 10000 samples
Epoch 1/12
60000/60000 [==============================] - 8s - loss: 0.3489 - acc: 0.8935 - val_loss: 0.0805 - val_acc: 0.9745
Epoch 2/12
60000/60000 [==============================] - 6s - loss: 0.1137 - acc: 0.9664 - val_loss: 0.0525 - val_acc: 0.9829
Epoch 3/12
60000/60000 [==============================] - 6s - loss: 0.0875 - acc: 0.9744 - val_loss: 0.0452 - val_acc: 0.9845
Epoch 4/12
60000/60000 [==============================] - 6s - loss: 0.0724 - acc: 0.9785 - val_loss: 0.0398 - val_acc: 0.9869
Epoch 5/12
60000/60000 [==============================] - 6s - loss: 0.0607 - acc: 0.9818 - val_loss: 0.0364 - val_acc: 0.9881
Epoch 6/12
60000/60000 [==============================] - 6s - loss: 0.0568 - acc: 0.9836 - val_loss: 0.0324 - val_acc: 0.9886
Epoch 7/12
60000/60000 [==============================] - 6s - loss: 0.0492 - acc: 0.9855 - val_loss: 0.0316 - val_acc: 0.9890
Epoch 8/12
60000/60000 [==============================] - 6s - loss: 0.0470 - acc: 0.9864 - val_loss: 0.0293 - val_acc: 0.9900
Epoch 9/12
60000/60000 [==============================] - 6s - loss: 0.0439 - acc: 0.9874 - val_loss: 0.0302 - val_acc: 0.9896
Epoch 10/12
60000/60000 [==============================] - 6s - loss: 0.0406 - acc: 0.9877 - val_loss: 0.0301 - val_acc: 0.9900
Epoch 11/12
60000/60000 [==============================] - 6s - loss: 0.0391 - acc: 0.9881 - val_loss: 0.0281 - val_acc: 0.9905
Epoch 12/12
60000/60000 [==============================] - 6s - loss: 0.0380 - acc: 0.9887 - val_loss: 0.0284 - val_acc: 0.9899
Test loss: 0.0284160550532
Test accuracy: 0.9899
```

图 2-33　测试安装是否正常

以上 Tensorflow 框架安装完毕，并且可以使用 keras 作为上层 api 调用 tensorflow。

- **Windows 下如何使用 Tensorflow Object Detection API**

如果大家会使用 Linux 系统，就在 Linux 下安装 TensorFlow 吧，比 Windows 下配置环境简单多了。本书只介绍在 Windows 下如何配置 TensorFlow 和使用 Object Detection API。

（1）环境需要

◇ Windows 系统。

◇ Python 3. X。

◇ CUDA Toolkit 8 与 cuDNN V6（记住一定要用 CUDA 8 和 cuDNN V6 版本，其他版本没有跑通）。

◇ Object Detection 模型下载。

◇ protoc。

◇ 依赖库：Protobuf 2.6/Pillow 1.0/lxml/Jupyter notebook/Matplotlib/Tensorflow。

（2）安装步骤

此处不介绍 Python 环境的安装步骤，如有需要，自行查之。

◇ CUDA Toolkit 8 与 cuDNN V6

用 GPU 来运行 Tensorflow 还需要配置 CUDA 和 cuDnn 库，并用以下 link 下载 Win10(64bit)版本 CUDA 安装包，大小约为 1. 2G，https://developer. nvidia. com/cuda-downloads。

安装 cuda_8. 0. 61_win10. exe，完成后配置系统变量，在系统变量中的 CUDA_PATH 中，加上三个路径，C:\Program Files\NVIDIA GPU Computing Toolkit\CUDA\v8. 0（一般安装完，安装程序都会自动添加完系统环境变量）。

用以下 link 下载 cuDnn 库：https://developer. nvidia. com/cudnn。

下载解压后，为了在运行 tensorflow 的时候也能将这个库加载进去，我们要将解压后的文件拷到 CUDA 对应的文件夹下，C:\Program Files\NVIDIA GPU Computing Toolkit \CUDA\v8. 0。

◇ Object Detection 模型下载

从 github 上下载模型，下载地址：https://github. com/tensorflow/models（下载的文件名为：models-master. zip）。

解压文件到磁盘指定目录，作者的目录是 E:\Tensorflow\ObjectDetection，重命名为 models。

此包内包括各种内容，我们所用到的 object_detection 文件夹在 E:\Tensorflow\ObjectDetection\models\research 文件夹下。

◇ protoc 安装与编译

从 https://github. com/google/protobuf/releases 下载 win 版的工具，即：protoc-3. 4. 0-win32. zip，解压到 E:\Tensorflow\ObjectDetection 目录下，生成：bin，include 两个文件夹。

将 bin 文件夹中的 protoc. exe 放到 C:\Windows\System32 文件夹下，在 E:\Tensorflow\ObjectDetection\models\research 文件夹下按住 shift 点击鼠标右键，打开命令

窗口,输入 protoc 显示如下内容就说明可以开始编译了。

◇ Protobuf 编译

用 protoc 可执行文件编译目录 object_detection/protos 下的 proto 文件,生成 Python 文件。protoc object_detection/protos/ * . proto --python_out＝. 。

我们可以看见.proto 文件已经被编译为了.py 文件,如图 2-34 所示。

bipartite_matcher.proto	2017/7/7 15:44	PROTO 文件
bipartite_matcher_pb2.py	2017/7/9 15:41	Python File
box_coder.proto	2017/7/7 15:44	PROTO 文件
box_coder_pb2.py	2017/7/9 15:41	Python File
box_predictor.proto	2017/7/7 15:44	PROTO 文件
box_predictor_pb2.py	2017/7/9 15:41	Python File
BUILD	2017/7/7 15:44	文件
eval.proto	2017/7/7 15:44	PROTO 文件
eval_pb2.py	2017/7/9 15:41	Python File
faster_rcnn.proto	2017/7/7 15:44	PROTO 文件
faster_rcnn_box_coder.proto	2017/7/7 15:44	PROTO 文件
faster_rcnn_box_coder_pb2.py	2017/7/9 15:41	Python File
faster_rcnn_pb2.py	2017/7/9 15:41	Python File
grid_anchor_generator.proto	2017/7/7 15:44	PROTO 文件
grid_anchor_generator_pb2.py	2017/7/9 15:41	Python File

图 2-34 . proto 文件被编译为.py 文件

◇ 依赖库下载

在 Python 安装文件里 Scripts 文件下,运行运行如下命令:

♯ For CPU

pip install tensorflow

♯ For GPU

pip install tensorflow-gpu

pip install pillow

pip install lxml

pip install jupyter

pip install matplotlib

(3) 运行 Demo

用命令行打开 jupyter notebook 进行测试,如图 2-35 所示。

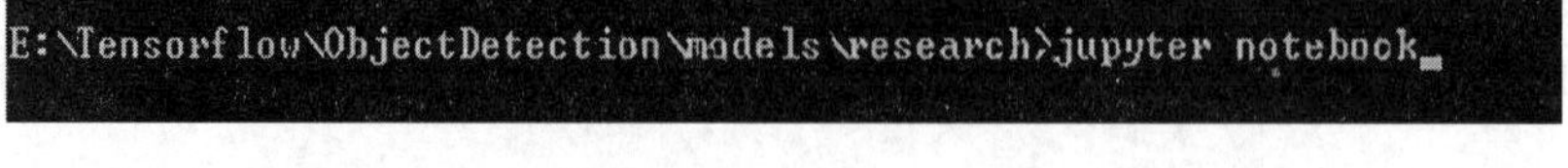

E:\Tensorflow\ObjectDetection\models\research>jupyter notebook

图 2-35 命令行打开 jupyter notebook 进行测试

打开官方提供的文件 object_detection_tutorial. ipynb 运行 demo,如图 2-36 所示:

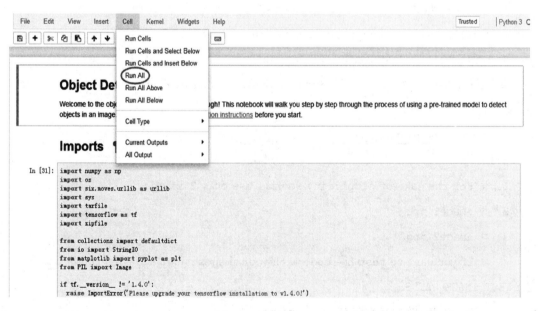

图 2-36　打开 object_detection_tutorial. ipynb 运行 demo

在 cell 中选择 runAll,正常的话稍等一会儿就会有结果,如图 2-37 所示。

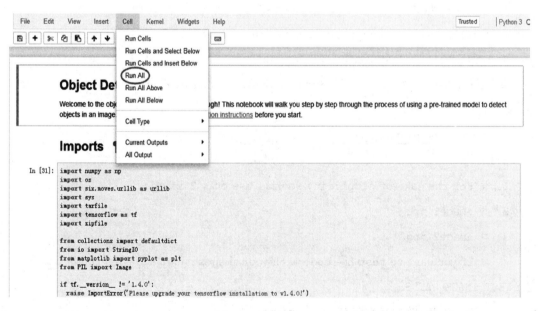

图 2-37　选择 runAll

图 2-38　运行结果

运行大部分时间都是用来下载模型的,此 demo 不需要训练数据,模型是训练好的,运行大概需要 10 分钟左右。运行结果如图 2-38 所示。

(4) 修改模型,运行自己数据

Speed 表示速度,COCO mAP 表示在 COCO 数据集上的平均准确率,第一个 ssd_mobilenet 就是我们默认使用的 pre-train 模型。

表 2.1 各模型对比

Model name	Speed	COCO mAP	Outputs
ssd_mobilenet_v1_coco	fast	21	Boxes
ssd_inception_v2_coco	fast	24	Boxes
rfcn_resnet101_coco	medium	30	Boxes
faster_rcnn_resnet101_coco	medium	32	Boxes
faster_rcnn_inception_resnet_v2_atrous_coco	slow	37	Boxes

〔python〕view plain copy

print

1. # What model to download.

2. MODEL_NAME = ´ssd_mobilenet_v1_coco_11_06_2017´

3. #MODEL_NAME = ´faster_rcnn_resnet101_coco_11_06_2017´

4. #MODEL_NAME = ´ssd_inception_v2_coco_11_06_2017´

5. MODEL_FILE = MODEL_NAME + ´.tar.gz´

6. DOWNLOAD_BASE = ´http://download.tensorflow.org/models/object_detection/´

〔python〕view plain copy

print

1. # For the sake of simplicity we will use only 2 images:

2. # image1.jpg

3. # image2.jpg

4. # If you want to test the code with your images, just add path to the images to the TEST_IMAGE_PATHS.

5. PATH_TO_TEST_IMAGES_DIR = ´test_images´

6. TEST_IMAGE_PATHS = [os.path.join(PATH_TO_TEST_IMAGES_DIR, ´image{}.jpg´.format(i)) for i in range(1, 3)]

在此处修改模型和数据。运行结果如图 2-39、图 2-40、图 2-41 所示。

图 2.39 faster_rcnn_resnet101_coco 模型

图 2.40 ssd_mobilenet_v1_coco 模型

图 2.41 ssd_inception_v2_coco 模型

2.10 关于深度学习在 IETM 中应用的思考

在深度学习、强化学习、大数据、虚拟现实、云计算、边缘计算等技术的不断推动下,传统的三、四级 IETM 已经不能满足日益复杂的装备故障维修和保障工作,研制符合五级标准的智能 IETM 迫在眉睫。

智能 IETM 应具有自学习的思维逻辑,一定的分析判断能力。符合五级 IETM 标准的智能 IETM 通过融合卷积神经网络、循环神经网络、生成对抗网络等深度学习技术,可实现未知故障的现场收集及诊断,具有智能语音交互、智能目标检测交互、智能检索(模糊查询、向导式故障查询等)等功能,为装备保障提供支撑,提高装备维修效率和保障质量,降低保障风险;通过与专家系统、故障诊断系统、PHM 系统、训练保障系统、供应保障系统、维修保障系统等装备综合保障信息系统的互联互通,能够大幅提升装备保障的信息化水平;通过集成语音控制、VR/AR、手势识别等技术或设备,能够提升 IETM 在外场的易用性,提高装备外场维修保障效率。

在已有四级 IETM 的基础上建设满足五级要求的智能 IETM 系统,深度学习是一个有效工具,通过集成深度学习算法和多故障诊断及维修策略,实现与外部系统的数据集成、信息共享、交互操作、协同工作,同时结合大数据分析、参数优化及算法优化等技术,能够提高故障诊断算法的正确率及运行效率,开发满足 AR、语音等新型交互模式的 IETM 阅读组件,集成物体识别技术,提升外场维修效率,最大限度地发挥 IETM 在使用、维修等过程中的效用。

需要强调的是,当前国际形势错综复杂,特别是以美国为首的西方国家在芯片、操作系统、数据库等关键技术领域对我国逐步封锁,而 IETM 中存储与运行大量涉及装备设计、制造与使用保障的涉密技术信息。因此,IETM 应用领域包括深度学习技术开展全面的国产化替代势在必行。目前,百度公司的巨浆(PaddlePaddle)、清华的计图(Jitor)、旷视的天无(MegEngine)等国产深度学习框架,以及中科寒武纪的“思无”系列芯片和云端智能加速卡使我们看到了国产化深度学习技术在 IETM 中应用的曙光。

第3章 贝叶斯网络

3.1 贝叶斯网络的概述

贝叶斯(Bayes)网络是一种概率关系的图像描述,适用于不确定性和概率性事物的推理。它基于概率理论和图论,有坚实的数学基础和形象直观的语义。凭借其强大的推理能力和形象的表达等优点,贝叶斯网络在数据挖掘、数据融合、计算机智能科学、医疗诊断、工业控制、计算机视觉等多领域的智能化系统中得到了广泛的应用。1988 年,J. Pearl 教授在贝叶斯统计和图论的基础上建立了贝叶斯网络基础理论体系,并因在贝叶斯网络方面的卓越贡献而获得 2011 年图灵奖。当时主要用于处理人工智能中的不确定性信息,随后它逐渐形成了相对完整的推理算法和理论体系,并成为解决不确定信息的主流技术。

曾任百度深度学习实验室主任、现任地平线机器人技术创始人兼 CEO 的知名学者余凯预言:人工智能未来发展方向是"深度学习＋贝叶斯网络"。

一个贝叶斯网络主要由两部分构成,分别对应问题领域的定性描述和定量描述,即贝叶斯网络结构和网络参数,分别对应结构学习和参数学习。

3.2 贝叶斯网络的结构学习

贝叶斯网络的学习就是寻找一个能够按照某种测度最好地与给定实例数据集相吻合的网络。该网络包括一种有向无环图以及每个节点对应的条件概率表,前者称为结构学习,后者称为参数学习。传统的网络构建是首先由相关领域专家根据事物之间的关系确定出结构模型,然后由其他方法确定节点的条件概率,这种方式得到的网络无法保证其客观性和可靠性。因此,研究人员尝试引入客观的观测数据,希望通过将观测数据与专家知识相结合来共同构建贝叶斯网络,并进一步在没有专家知识的情况下,完全从观测数据中学习得到网络结构和参数。目前贝叶斯网络的研究热点之一就是如何通过学习自动确定和优化网络的拓扑结构。学习网络结构有两个重要的组成部分:第一是度量机制,第二是搜索的过程。度量机制是评价网络好坏的一种方法。问题的先验信息可以融入此度量机制中。一个搜索的过程被用来探索网络空间,目的是为了找到一个度量值最高的网络。

当贝叶斯网络的结构无法给出或确定,并且有足够的样本数据时,可以通过某种贝叶斯网络结构学习算法来寻找与样本数据匹配程度最高的贝叶斯网络。目前,对完备数据的贝叶斯网络学习算法已经比较成熟,现有的贝叶斯网络学习算法,大体上可以分为两类,即基于条件独立性的方法和基于评分搜索的方法。基于条件独立性的方法主要是通过对训练样本集的条件独立性测试,来发现节点之间的依赖关系,再通过节点之间的依赖关系来建构贝叶斯网络,该方法涉及大量的高维条件概率的计算,对于大条件集的独立性测试,其需要的数据量非常庞大,计算效率很低,而当样本数据量较少时,学习的可靠性又无法保证。基于评分搜索的方法将贝叶斯网络学习看作最优化问题,首先在网络上定义一个可分解的评分测度,评分测度描述了每个可能的结构对数据样本的拟合程度,通过搜索的方法来寻找评分最高的网络结构,基于评分搜索的方法简单规范,但是随着网络节点的增加,网络结构空间呈指数性增长,因此无法对所有可能的结构进行搜索,为了降低搜索空间,基于评分的方法一般都要求节点有序并使用一些启发式搜索方法,从而缩小搜索空间。在基于评分搜索的贝叶斯网络结构学习方法中,其核心的内容有两个,即评分测度和搜索算法。

评分测度是给出的一定网络结构下,联合分布的一种概率度量。它表示数据集与可能的网络结构的拟合程度,评分测度较优,则表明网络结构与数据集拟合的较好,该网络结构的置信度就较高。搜索算法是在确定贝叶斯网络测度之后,为了获取测度值最优的网络结构而进行的搜索策略,最简单的搜索算法是随机搜索,通过随机确定网络结构并计算其测度,来寻找测度值较优的网络结构。由于贝叶斯网络结构学习是一个 NP 问题,因此对贝叶斯网络结构进行随机搜索是不可取的。由于贝叶斯网络结构测度具有可分解性的特点,通常可以采用启发式算法,以选定的测度为指导,在可能的拓扑结构空间中进行搜索以获取最优结构。利用测度的可分解性,可以将计算限制在图形结构的局部,从而大大减少进行搜索的计算量。当前常用的启发式算法有遗传算法、进化策略、贪心策略、模拟退火算法、最优最先(best-first)搜索、蚁群算法、禁忌搜索(taboo search)算法等。

3.2.1　贝叶斯网络结构的评价函数

评价函数就是度量机制,即评价网络好坏的一种方法,常用的度量机制包括卡方度量、信息熵度量、贝叶斯度量(BDe)和最小描述长度度量(MDL)等。

3.2.2　完整参数的贝叶斯网络结构学习

当训练样本完整时,贝叶斯网络结构学习方法比较成熟,常用的结构学习算法可以分为基于搜索记分的方法和基于统计测试的方法两类。两类方法各有特点,基于搜索记分的方法过程简单、规范,但是由于搜索空间巨大,一般要求节点的顺序事先确定,然后根据评价函数的可分解性进行局部确定或随机搜索,该方法效率较低,且易陷入局部最优。而基于统计测试的方法依靠节点之间的依赖程度分析,其分析过程比较复杂,但在一定的假设条件下,其学习效率较高,且能够获得全局最优结构。

在搜索记分的方法中,Cooper 和 Herskovits 在 1991 年提出的基于贝叶斯记分和爬山法搜索策略的 K2 算法是非常著名的学习贝叶斯网络结构的方法。K2 算法的思想是首先定义一个评价网络模型优劣的测度函数,再从一个空的网络开始,根据事先确定的节点顺序,选择使后验结构概率最大的节点作为该节点的父节点,依次遍历完所有的节点,逐步为每一个变量添加最佳的父节点。K2 算法在正确指定节点次序的情况下,算法的执行效率和精度较高,但如何正确指定节点次序又是一个 NP 问题。Remco 于 1994 年使用 MDL 记分函数代替 K2 算法中的贝叶斯记分函数进行贝叶斯网络结构的学习,称为 K3 算法。K3 算法相对于 K2 算法在小数据集时结果更加准确,而在大数据集时,它们具有类似的准确性。Suzuki 建立了一种不使用启发式搜索方法也不需要节点顺序的采用 MDL 记分函数的贝叶斯网络结构学习方法,它能够保证发现最优结构。由于搜索空间太大,他给出了 branch 和 bound 两种技术来减少搜索空间,实验结果显示,对小数据集其准确性优于 K2 算法,对大数据集准确性不如 K2 算法。

3.2.3 缺失数据的贝叶斯网络结构学习

数据不完整或变量不可全部观测时,构造贝叶斯网络是最为困难的情形。数据的缺失会导致两方面问题的出现,一是评价计分函数不再具有可分解的形式,不能进行局部搜索。二是由于部分充分统计因子不存在导致无法直接对结构进行评价。过去的文献中对该情形研究不是很多。

目前针对具有缺失数据的贝叶斯网络结构学习算法主要有两类:一类是 Friedmen 提出的 SEM 算法,该算法是对 Lauritzen 提出的参数 EM 算法的扩展,主要贡献在于每一次迭代只需要对结构变化的局部进行评分,同时从当前最优的网络结构开始下一轮迭代,直到结构趋于收敛。另一类是由 Myers 提出的基于随机搜索思想的学习方法,此类算法主要基于 MCMC 方法中的 MHS 抽样思想,对丢失数据和网络结构同时进行演化,最终得到最优的网络结构。该方法虽然可以避免局部收敛,但存在收敛性判断困难和收敛效率低等问题。

3.2.4 贝叶斯网络结构学习的复杂性

(1)结构空间的指数级规模

当只有少数变量时,可以采用穷尽计算所有可能 DAG 模式的概率,但是,当变量个数较多时,采用穷尽计算所有 DAG 模式来选择最佳的 DAG 模式则是不可行的,因为 Chickering 于 1996 年证明过:对于一些特定类型的先验分布找到最可能的 DAG 模式是一个 NP 难问题。

（2）空间结构的不连续性

结构空间是指从数据集中学习贝叶斯网络所有可能的结构集合。由于结构空间是离散的,对列举可能不同的结构应采用非邻近的搜索策略。它与参数学习不同,参数空间是连续的,而且迭代的近似算法可以用于连续问题领域的全局优化。尽管理论上可以将一个完整的网络包括其结构和参数转化为真值参数的单一向量,然而,这种人为的构建将可能产生复杂的非连续性。另一方面,从指数级规模的模型中选取一个最优的模型通常是不可行的。因此适用的方法是选取较好模型的一个子集,而不是最优模型。

（3）网络结构的无环假设

根据贝叶斯网络的定义,贝叶斯网络是有向无环图,网络结构的节点之间不存在有向循环。这样在结构学习中,对于每个假定的网络结构,则必须保证是有向无环连接。在实际应用中,可能存在部分变量之间的相互影响,即存在有向循环的网络。显然通过无环条件的限制,学习出的网络可能不能真实地反映问题领域变量之间的关系。因此,有环网络的学习和构建是未来研究中需要解决的一个课题。

（4）数据的不完备性

在现实数据集中存在数据丢失、数据不完备等现象,数据的不完备性使得贝叶斯网络结构的学习更加复杂,因为丢失的数据也可能包含着一些重要信息,目前常用方法是根据已知数据填充缺失的观测值。然而,如果可利用的数据很少或者数据不具有代表性,则这种近似的方法是不可靠的。尽管在参数估计中可以使用 EM 算法解决数据的不完备性问题,当贝叶斯网络的结构和参数同时需要确定时,EM 算法存在固有的局限性,学习效率较低,使得该方法很难有效地解决这些问题。因此,如何通过有效地学习和训练不完备数据,获取适宜而准确的结构模型也是贝叶斯网络学习中的难点。

对于贝叶斯网络的学习,目前的算法主要存在以下几个问题:一是许多算法都事先假设网络中节点的顺序是已知的,但事实情况并非如此。二是计算效率问题,有些算法虽然不需要节点的顺序,但计算效率较低,所有基于独立性分析的算法需要进行的 CI 测试都呈指数级增长。此外还有许多要研究的问题,如不完备数据和有隐含变量情况下的有效学习算法,混合贝叶斯网络模型的学习等,以及对现有学习算法的改进和在学习中结合其他职能技术和模型等。

3.3　贝叶斯网络的参数学习

当贝叶斯网络结构已知或确定之后,贝叶斯网络的学习只需要确定各个节点处的条件概率表即可,这种学习称为贝叶斯网络的参数学习。贝叶斯网络的参数学习直接影响贝叶斯网络推理的速度和精度,如何利用给定数据去学习网络参数的概率分布,更新网络变量原有的先验分布是贝叶斯网络学习的一个重点和难点问题。而且有些需要进行学习的训练数据集是不完整的,在学习之前,还需要对数据继续修复,或者采取近似的学习算法。早期的贝叶斯网络其概率分布表通常由专家的知识指定,然而这种指定往往与观测数据产生较大的偏差。目前最为流行的是基于数据驱动的学习算法,这种数据驱动的学习具有很高的适应性。

贝叶斯网络的参数学习实质上是在已知网络结构的条件下,对网络中学习每个节点的概率分布表进行学习,该问题可以归结为统计学中的参数估计问题。在贝叶斯网络参数学习过程中,一般首先要指定变量所服从的概率分布族。在贝叶斯网络中,主要处理的是离散变量,对连续变量一般要经过离散化处理。一般来说,对于离散变量,如果变量具有两个状态,那么它服从 β 分布,如果变量具有两个以上的状态,那么它服从 Dirichlet 分布。在确定概率分布族之后,即可利用一定的策略来对这些概率分布的参数进行估计。对完备数据集的学习,通常有两种方法:最大似然估计(MLE)方法和贝叶斯方法。这两种方法都是基于独立同分布的假设前提下的,即样本中的数据是完备的,各实例之间相互独立且各实例服从统一的概率分布。

3.3.1 完备数据集条件下的贝叶斯网络参数学习

贝叶斯网络的参数学习是在已知结构的条件下,学习每个节点的条件概率分布表。在完备数据集条件下,常用的方法有最大似然估计算法(MLE)、贝叶斯方法和基于梯度下降的参数学习方法(APN)。

3.3.2 缺失数据条件下的贝叶斯网络参数学习

真实数据的机器学习常常不得不处理数据的贫乏性。数据的贫乏性一是体现在数据带有噪声,即测量数据是不准确的。另外则体现在数据的缺失性,即数据样本的非完整性。针对解决数据缺失问题,EM 方法和吉布斯(Gibbs)抽样方法被认为是当前最有效的贝叶斯网络参数学习方法,此外还有蒙特卡罗方法、高斯逼近法等。但是这些方法是搜索局部的最小值,对全局搜索是困难的,学习速度慢,而且它们假定缺失的数据是可忽略的,当缺失的数据不能忽略时,其算法的精度将大大降低。对于解决 EM 算法易于陷入局部最优的问题,已有许多改进算法,如吉布斯抽样和遗传算法等。在提高现有学习算法的学习速度方面虽然也有一些改进的算法,如增量 EM 和 Lazy EM 算法等,但是对于复杂贝叶斯网络的学习,这些改进算法对学习速度的提高仍然有限,还需要进一步研究。

相对而言,连续变量的参数学习比离散变量的学习其复杂度高。由于连续变量的分布类型多种多样,不可能有一种通用的方法。常见的有高斯网络的学习,即变量的状态分布为正态分布的情况。

3.4 学习算法的评价

如前所述,贝叶斯网络的学习包括了贝叶斯网络的结构学习与参数学习两部分。对不确定决策问题进行贝叶斯网络建模过程中,二者缺一不可。最优的贝叶斯网络的模型是二者反复多次学习的结果,而且二者在学习过程中也是相辅相成的。现有的算法评价方法主要有如下三种。

一是利用已知的贝叶斯网络结构和概率分布表生成用于评价其他算法的模拟数据集,利用待评价的算法建立一个新的贝叶斯网络结构,将新的贝叶斯网络结构与已有贝叶斯网络结构相比较,分别在增加边、反向边与丢失边等几个方面进行对比分析,通过比较结果来评价学习算法的准确性。该方法通过已知来评价未知,但是其缺点是必须事先有一个已知的贝叶斯网络。

二是利用对数似然函数来评价网络结构对数据的拟合程度。该方法只适用于两种算法的比较,无法对使用一种学习算法得到的贝叶斯网络结构进行直接的评价。

三是利用 Bootstrap 方法进行评价。该方法的思想是生成一个标准贝叶斯网络,用此网络作为基准来评价其他的贝叶斯网络。该方法适用于各种情况,但是该方法对得到的贝叶斯网络结构的标准性目前还无法保证,还存在一些理论问题需要进一步研究。

3.5 贝叶斯网络的推理

贝叶斯网络推理是在一个不确定环境和不完全信息下进行决策支持和因果发现的工具。贝叶斯网络推理提供了一种以概率分布为基础的推理方法,已成为人工智能和机器学习领域中的一个重要的概率推理算法。贝叶斯网络模型相对于其他数据挖掘模型的优势在于贝叶斯网络的推理不区分是前向推理还是后向推理,网络中的每个节点都可以输出信息和输入信息,具有灵活的信息推理机制。贝叶斯网络推理是利用贝叶斯网络的结构和概率表,在给定证据的情况下计算某些感兴趣的节点发生时的概率,是一个 NP 难的问题。

从推理方向划分,贝叶斯网络推理主要有两种推理模式:因果推理和诊断推理。因果推理也称自顶向下的推理,从原因到结果,反映了网络中父节点对子节点的预测。而诊断推理也称自下向上的推理,从结果到原因,反映了网络中子节点对父节点是否发生的推测,该种推理通常用于病理诊断、故障诊断中用于找到发生问题的原因。另外,也可以将以上两种推理模式相结合进行推理。

从推理精度划分,贝叶斯网络推理可以分为两类:精确推理和近似推理。所谓精确推理是指精确地计算出网络中假设节点的后验概率。精确推理完全按照基本概率公式来进行推理,能够解决现实中的大多数问题,但是由于知识认知程度的局限性,精确推理算法还有很多问题需要解决。目前比较典型的精确推理算法有：Poly Tree 算法（也称消息传递算法）、联合树算法、图简约方法、基于组合优化问题的方法（SPI）等。所谓近似推理是指在不影响推理正确性的前提下通过适当降低推理精度达到提高计算效率的目的。近似推理算法主要有：随机抽样法、基于搜索的近似算法、模型简化法和循环信度传递法等。精确推理一般用于结构简单的 Bayes 网络推理。对于节点数量很大、结构较复杂的网络，通常采用近似推理来降低计算的复杂度。

以上推理方法中，目前没有一种算法可以普遍应用于所有情况，因此在实际应用中，需针对特定的问题选择一种最优或近似最优的算法。

贝叶斯网络提供了其包含变量的完整概率分布，这也就意味着在任意部分变量的基础上进行任何方向的推理。目前比较为人熟悉的推理方式有以下三种。

3.5.1 因果推理

这种推理是已知原因的新信息，顺着网络有向边的方向得到推理结果。例如在肺癌问题中，病人可能在进行检查之前就告诉医生他是一个烟民，医生根据这一信息就可以判断这位病人得肺癌的机率比其他病人要高。同时，这还将增加医生对这位病人其他病理征兆的预期。

3.5.2 诊断推理

也叫反向推理，这种推理在医疗诊断中应用广泛，它是已知病理征兆，估计病因。例如在肺癌问题中，医生观察到病人呼吸困难，这一征兆增加了他确定病人患癌症的信心，同时也增加了病人是烟民的确定性。这时推理是与网络的有向边的方向相反。

3.5.3 解释消除

这是关于在拥有同样效果的原因节点上进行的推理。在贝叶斯网络中体现为一个 V 型网络结构。例如吸烟和污染都可以引起肺癌，开始吸烟和污染两个原因是相互独立的，这也就是说病人吸烟这一事实并不影响病人受污染的概率。假如我们知道某个病人患有肺癌，这时我们对病人吸烟和受污染两个原因的信心都会增长；假如我们又知道病人是烟民，这个信息可以对病人患癌症进行解释，这时就降低了他受污染的可能性。尽管两个原因开始是相互独立的，由于发现一个原因，并且原因可以解释结果，这样却使得另外一个原因的可能性降低了。

3.6 多实体贝叶斯网络

多实体贝叶斯网络理论（MTheory）是一组多实体贝叶斯网络片断的集合，这些片断共同满足一致性约束,并确保这些片断中随机变量的实例存在唯一的联合概率分布,也称为多实体规则库。通过将每次的发现作为证据加入后,不断迭代,多实体规则库也会不断新增或移除某些片段。

多实体贝叶斯网络(MEBN)相对于贝叶斯网络的优点:(1)一阶逻辑表达能力;(2)少量小规模实体->大量实体、重用模块化部件。

定义:一个 MEBN 实体片断是一个五元组 $F=(C,I,R,G,D)$。有限集合 C 为上下文节点,表示上下文的赋值项;有限集合 I 表示输入的随机变量组;有限集合 R 表示固有的随机变量组;片断图 G 为一个无环有向图,是由集合 $I \cup R$ 中的随机变量结合在一起而组成的,并且 I 中的随机变量对应于 G 中的根节点;集合 D 为局部分布,每一个 R 中的随机变量都有一个对应的分布。

上下文节点表示该片段在应用过程中需满足的条件,一般用五边形节点表示,也称为"条件节点";输入节点可以影响一个 MFrag 中其他节点的分布概率,但是自身的分布在其片段中给予定义,来源于其他片段的"固有节点",一般用梯形节点表示;固有节点(也可称为"内生节点")的分布取决于段中它们的父节点,一般用椭圆节点表示。报告相当于观察到的事实证据。

MEBN 是通过多实体贝叶斯理论来组织贝叶斯网络片段,将其作为一个片段集合来表示相应的知识。换句话说,一个 MTheory 是一个满足一致性条件的 MFrags 集,能确保这些随机变量存在一个独一无二的联合概率分布。MEBN 采用片断的形式表示局部的知识,即由局部随机变量和它们之间的关系组成 MEBN 片断,并且这些片断可以重用。这恰好为解决实体众多、关系复杂、无法预先确定全部的随机变量和它们之间的关系,提供了一种途径,即在满足一致性约束的条件下,重组这些表示局部战术规则知识的 MEBN 片断。

MEBN 采用化整为零、分而治之的策略,将一个大系统划分成一个个小片段(MFrags),根据用户的查询需求,构建 SSBN(相当于又转化成传统贝叶斯网络),这个 SSBN 网络是从 MEBN 中抽取出来相关节点后(全部节点抽取后,把没用的扔掉),由机器根据一定的算法自动生成,最后根据证据和知识进行推理,得到查询结果。

MEBN 中结构学习和参数学习发生在 MFrags 中,而不是发生在 SSBN 中。一般根据几百条、几千条数据进行学习,学出的东西不是太靠谱,上万条、数十万条基本靠谱了。

3.7 Matlab 工具的应用

机器学习权威学者吴恩达(Andrew NG)曾说过,在硅谷好多人都是先用 matlab、octava 先实现自己的想法,再转化成其他语言,这样会减少很多时间成本。

(1) Matlab 中提示"未定义函数或变量'mk_bnet'"的原因是没有向 Matlab 中添加贝叶斯网络工具包 FULLBNT。

（2）《如何使用 FullBNT 工具箱》中的草地湿润模型,Cloudy 表示天气是否多云,C＝1（F）表示 False, C＝2(T)表示 True。Sprinklet 表示洒水车是否出动,Rain 表示是否下雨,WetGrass 表示草地是否是湿的。BNT 中使用矩阵方式表示贝叶斯网络,

下面我们来创建一个相邻矩阵来指定这个有向无环图:

```
>>N = 4；
>>dag = zeros(N,N)；
>>C = 1；S = 2；R = 3；W = 4；//在拓扑次序中,节点是必须被编号的。


//以下/表示节点之间的连接关系:
>>dag(C,[R S]) = 1；
>>dag(R,W) = 1；
>>dag(S,W)＝1；
```

//必须指定每个节点的大小和类型。如果一个节点是离散的,它的大小就是该节点可能采取的数值:

```
>>discrete_nodes = 1:N；
>>node_sizes = 2 * ones(1,N)；
```

// * 如果节点不是二进制的,我们可以这样键入:

```
 * node_sizes = [4 2 3 5]；
```
这意味 Cloudy 有四种可能的值,Sprinkler 有两种可能的值
……

//下面我们准备建立贝叶斯网络:

```
>>bnet = mk_bnet(dag, node_sizes,'discrete', discrete_nodes)；
//默认情况下,所有的节点都被假定为离散的,因此我们可以只写成
>>bnet = mk_bnet(dag, node_sizes)；
```

//一个模型由图形结构和参数组成。按惯例 false(假)＝＝1, true(真)＝＝2。参数用 CPD(条件概率分布)来表达 CPD 定义了一个节点与它父节点间的概率分布。要注意的是在 Matlab 里(不同于 C),数组的索引是从 1 开始安排在内存中的。

//针对以下图,创建各节点的 CPT 如下,如图 3-1 所示:

```
>>bnet.CPD{C} = tabular_CPD(bnet, C, [0.5 0.5])；
>>bnet.CPD{R} = tabular_CPD(bnet, R, [0.8 0.2 0.2 0.8])；
```

＞＞bnet. CPD{S} = tabular_CPD(bnet, S, [0.5 0.9 0.5 0.1]);

＞＞bnet. CPD{W} = tabular_CPD(bnet, W, [1 0.1 0.1 0.01 0 0.9 0.9 0.99]);

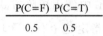

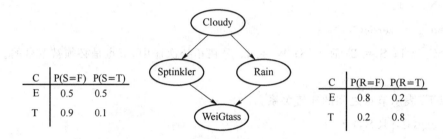

图 3-1　草地湿润模型贝叶斯网络

//接下来，可以画出创建的贝叶斯网络如下：

＞＞figure

＞＞draw_graph(dag)；

//画出的图如图 3-2 所示：

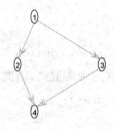

图 3-2　draw_graph 画出的贝叶斯网络图

//创立好一个贝叶斯网络，我们现在可以用它来进行推断。

现在，我们使用联合树引擎，它是所有精确推断引擎的根本。它可以按如下步骤调用：

＞＞engine = jtree_inf_engine(bnet)；

//假设我们要计算洒水器导致草地是湿润的概率。证据的构成是 W＝2(可观察节点)。所有其他的节点都是隐含的(不可观察的)。我们可以如下指定。

>>evidence = cell(1,N);

>>evidence{W} = 2;

//现在我们准备把证据添加进引擎：

>>[engine,loglik] = enter_evidence(engine,evidence);

//这个函数的行为是个特殊的算法,后面将详细讨论。以 jtree 引擎为例,enter_evidenc 执行一个双通道的信息传递模式。第一次返回的变量包括修正的结合着证据的引擎,第二次返回的变量包括证据的对数似然。(不是所有的引擎都能计算对数似然的。)

最后我们可以按如下方式计算 p＝P(S＝2│W＝2)：

>>marg = marginal_nodes(engine, S);

>>marg.T

ans =

0.57024

0.42976

>>p = marg.T(2); //为什么是 marg.T(2)而不是 marg.T(1)? 一般在贝叶斯网络中 FALSE 结果在前,TRUE 结果在后。

//我们可以看到 p = 0.4298。此外,由以上可以看出,evidence 是你需要计算的条件概率的条件部分,而 marginal_nodes 的第二个参数是你所需要的计算的条件概率的概率部分,由以上代码可以计算条件概率 P(S│W＝2),储存在变量 marg.T 里面。

//现在我们添加下雨的证据并观察它有什么不同：

>>evidence{R} = 2;

>>[engine,loglik] = enter_evidence(engine,evidence);

>>marg = marginal_nodes(engine, S);

>>p = marg.T(2); //为什么是 marg.T(2)而不是 marg.T(1)?

//我们发现 p = P(S＝2│W＝2,R＝2) = 0.1945,它比以前更低,因为下雨也能解释草地是湿的这个事实。

//你可以使用'bar'函数通过离散变量绘制一个边缘分布图：

>>bar(marg.T)

//如图 3-3 所示：

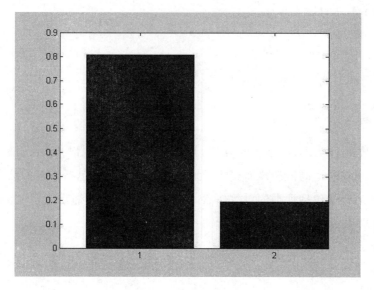

图 3-3　边缘分布图绘制

//如果我们寻找一个可观察节点的边缘将发生什么呢？比如 P(W|W=2)。一个可观察的离散节点实际上只有一个值(能观察到的那个)——所有其他的值将导致概率为 0。为了效率，BNT 把可观察(离散)节点按照它们被设定为 1 处理。如下：

$>>$evidence $=$ cell(1,N)；

$>>$evidence$\{$W$\}$ $=$ 2；

$>>$engine $=$ enter_evidence(engine，evidence)；

$>>$m $=$ marginal_nodes(engine，W)；

$>>$m. T

ans $=$

1

//当我们设定 W$=$2 时，这可能有点混乱。因此我们可以让 BNT 通过一个可选参数来补充证据。

$>>$m $=$ marginal_nodes(engine，W，1)；

$>>$m. T

ans $=$

0

1

//这可以看出 P(W$=$1|W$=$2) $=$ 0 和 P(W$=$2|W$=$2) $=$ 1。

//我们可以按下面的例子在一组节点上计算联合概率。

＞＞evidence ＝ cell(1,N)；

＞＞［engine，ll］＝ enter_evidence(engine，evidence)；

＞＞m ＝ marginal_nodes(engine，［S R W］)；

//m 是一个结构，'T' 是一个包含着指定节点联合概率分布的多维数组。（在这个例子中是三维数组）

＞＞m. T

ans(:,:,1) ＝

0.2900 0.0410

0.0210 0.0009

ans(:,:,2) ＝

0 0.3690

0.1890 0.0891

//我们可以看到 $P(S＝1,R＝1,W＝2)＝0$，在下雨和洒水器条件都为否的情况下，草不可能是湿的。现在让我们给 R 补充些证据：

＞＞evidence{R} ＝ 2；

＞＞［engine，ll］＝ enter_evidence(engine，evidence)；//注意，此处参数是"ll"（小写字母），不是"11"（数字）。

＞＞m ＝ marginal_nodes(engine，［S R W］)

m ＝

domain：［2 3 4］

T：［2x1x2 double］

mu：［］

sigma：［］

＞＞ m. T

m. T

ans(:,:,1) ＝

0.0820

0.0018

ans(:,:,2) ＝

0.7380

0.1782

//联合概率 $T(i,j,k) = P(S=i,R=j,W=k|evidence)$ 在 $R=1$ 与 $R=2$ 相对独立时，对所有的 i,k 都有 $T(i,1,k) = 0$。如前面解释的，为了不至于创建庞大的由许多 0 构成的列表，BNT 指定可观察（离散的）节点的有效大小为 1。这就是为什么 m. T 的大小是 $2x1x2$。想得到 $2x2x2$ 的表格请键入：

>>m = marginal_nodes(engine, [S R W], 1)

m =

domain：[2 3 4]

T：[2x2x2 double]

mu：[]

sigma：[]

>>m. T

ans(:,:,1) =

0   0.0820

0   0.0018

ans(:,:,2) =

0   0.7380

0   0.1782

以上概率可以解释如下：

$P(S=1,R=1,W=1|R=2)=0$； $R=1$ 与证据 $R=2$ 不相符，故概率为 0

$P(S=2,R=1,W=1|R=2)=0$； $R=1$ 与证据 $R=2$ 不相符，故概率为 0

$P(S=1,R=2,W=1|R=2)=0.0820$；   下雨的前提条件下，"不洒水"&&"草地不湿"的概率为 0.0820

$P(S=2,R=2,W=1|R=2)=0.0018$；下雨的前提条件下，"洒水"&&"草地不湿"的概率为 0.0018，因为下雨一般不会再洒水，即便洒水，草地不湿的概率很小（只有 0.0018）。

$P(S=1,R=1,W=2|R=2)=0$； $R=1$ 与证据 $R=2$ 不相符，故概率为 0

$P(S=2,R=1,W=2|R=2)=0$； $R=1$ 与证据 $R=2$ 不相符，故概率为 0

$P(S=1,R=2,W=2|R=2)=0.7380$；   下雨的前提条件下，"不洒水"&&"草地湿"的概率为 0.7380

$P(S=2,R=2,W=2|R=2)=0.1782$；下雨的前提条件下，"洒水"&&"草地湿"的概

率为 0.1782,因为下雨一般不会再洒水,如果洒水且草地湿的概率也很小(0.1782),但比"洒水"&&"草地不湿"的概率(0.0018)要大。

注意,不是在任何节点集中都可以计算联合概率,这取决于你采用哪种推断引擎。

3.8　GeNIe 工具的应用

一般公式的建立都需要借助于数学公式和数学方法的推导,这样一方面会给程序编写带来很大的问题,因为程序要实现几百个不同的公式,增加了较多的复杂运算,实现起来也非常困难。但 GeNIe 平台给我们提供了解决方法,可以在它上面建立贝叶斯模型,我们把建立好的模型通过接口的调用,来计算所需的数据,既可以节约空间,也可以提高运算速率和效率。

GeNIe 软件包是一种可以通过图形的点击和拖放界面来直观地创建决策的理论模型。GeNIe 中的 SMILE 接口,是由美国宾夕法尼亚州的匹兹堡大学决策系统实验室开发的一种完全可移植的贝叶斯推理引擎,自问世以来在该领域进行测试并获得很好的应用。GeNIe 1.0 于 1998 年向社会发布,受到学术界和工业界广泛接受,随着用户的建议和发展的需要,导致 GeNIe 2.0 的快速出现。GeNIe 2.0 是最新版本,有一个令人耳目一新的界面,并且更直观,比 GeNIe 1.0 更容易使用。除了美观,GeNIe 2.0 有更多的新功能提供,最主要的就是 GeNIe2.0 安装程序可以方便程序开发者的使用。

GeNIe 是一个用于构建图形化的开发环境理论决策模型,这个软件已经在决策系统实验室、匹兹堡大学得到应用,已广泛在教学和研究领域中使用,同时也产生了一些商业应用程序。在 GeNIe 软件中结合贝叶斯网络建立数学模型,贝叶斯网络非循环指示图中,节点代表随机变量,弧代表直接概率之间的关系。贝叶斯网络是一个图形化的结构,定性说明了变量集之间的交互模型,有向图结构可以模拟因果系统建模模型,尽管这不是必要的。

GeNIe 2.0 的主要特点分析如下:首先,可以使用编辑器编辑网络模型;其次,可以使用 SMILE 引擎,通过 SMILE 可以在 GeNIe 中建立和完善模型以及创建普通接口。这一特点方便它与各种平台的交互,其中 SMILE(结构建模、推理和学习引擎)是一个完全独立于平台的库函数,是关于图形概率和决策理论模型、贝叶斯网络等影响图和结构方程模型接口,它存在于 GeNIe 软件中,其个人功能非常强大,SMILE 中定义应用程序编程接口,允许创建、编辑、保存和加载图形化模型,并把它用在概率推理和决策的不确定性中;再次,支持通用的嘈杂 MAX 和加性噪声分布的节点,可以打开多个网络和剪切模型之间粘贴的部分;最后,使用 MS Excel 完全集成,剪切和粘贴数据到 GeNIe 的内部电子表格视图,与其他软件的兼容性较好,支持所有主要文件类型,支持处理节点的观测成本,支持诊断病例管理等。

鉴于 GeNIe 软件的特点,在工业和科教领域有着广泛的运用,在国外用户非常多,工业领域比如基地 16 公司、波音公司、CESA、HRL 实验室、英特尔公司、洛克威尔国际公司、美国空军罗马实验室、飞利浦研究甲骨文公司、联合技术公司等。而在教育领域中国内外也有广泛的运用,比如重庆交通大学、夸美纽斯大学、代尔夫特理工大学、LAMIH、瓦朗谢讷大学、米兰大学等。

3.9　关于贝叶斯网络在 IETM 中应用的思考

目前,技术水平最高的五级 IETM 综合了专家系统、人工智能、自动诊断、故障隔离以及培训等其他处理过程。基于人工智能的混合算法故障诊断已经在电力、机械、电子、船舶等领域的多故障诊断与维修策略上取得了一定的成果。如混合布谷鸟算法优化的最小二乘支持向量机(LSSVM)的故障诊断方法就在高压电路器故障诊断上取得不错的效果。混合布谷鸟算法首先提取分合闸线圈的时间和电流特征量得到特征向量,再利用模拟退火算法(SA)与布谷鸟算法(CS)结合形成的混合布谷鸟算法(CS-SA),对支持向量机进行寻优,旨在得到具有最优参数支持向量机分类模型,提高诊断结果的准确性。最后,利用收集到的数据对该算法进行诊断验证,结果表明利用混合布谷鸟算法优化后的 LS·SVM 得到的分类模型比常用的粒子群算法、遗传算法、标准布谷鸟算法优化得到的模型准确率更高。

贝叶斯网络作为一种人工智能技术,是不确定知识表达和推理领域最有效的理论之一,可用于解决预测、智能推理、诊断、决策、风险评估、可靠性分析等方面的问题。考虑到贝叶斯网络因其在描述故障与征兆间复杂因果关系上的独特优势,也获得了国内外故障诊断研究者的共同关注。可以预见,未来贝叶斯网络技术在 IETM 智能故障诊断方面将具有广泛的应用前景,目前已有研究者针对机械设备维护与故障诊断过程中的不确定性,提出了一种将本体语义表示与贝叶斯网络相结合的故障概率推理模型。从异构多源的维护诊断信息和非结构化的专家经验知识出发,建立语义知识模型并进行概率扩展。利用贝叶斯分类器实现异常工况识别,给出了基于最大可能解释的故障概率推理算法,从而根据运行工况、故障征兆和证据信息推理获得故障诊断解释。还有学者提出一种基于贝叶斯网络模型的故障诊断方法。建立的润滑系统贝叶斯网络诊断模型包括利用有向无环图描述多故障耦合关系和采用概率形式表示故障诊断定量知识两个部分。按照故障类型将润滑系统故障诊断任务分解为各类故障的诊断子任务,对于各子任务,利用故障树模型分析故障与征兆及多故障间的耦合关系,并通过故障树向贝叶斯网络的转化建立润滑系统的贝叶斯网络模型结构。关于贝叶斯网络在 IETM 智能故障诊断方面应用的内容详见第 6 章介绍。

第4章　智能边缘计算平台

目前，大多数神经网络使用 GPU 或 FPGA 等加速卡进行训练。然而，随着神经网络规模的不断扩大，片上有限的计算能力和存储空间逐渐成为大规模训练模型的瓶颈。鉴于此，本章介绍两类先进的智能边缘计算平台：Jetson TX2 和 Atlas 200。

Jetson TX2 是 2017 年 3 月 8 日 NVIDIA 公司推出的一款人工智能计算支持平台，只有信用卡大小。作为一个嵌入式平台的深度学习端，Jetson TX2 具备不错的 GPU 性能，其计算能力可以达到 6.2。

Atlas 200 是华为公司 2019 年推出的一款高性能 AI 应用开发板，集成了昇腾 310 AI 处理器，方便用户快速开发、快速验证。作为一种国产 AI 开发者套件，对于类似 IETM 这类特别强调自主可控的产品而言就更加显得意义重大。

4.1　Jetson TX2 的安装

4.1.1　安装 VMware Workstation

让我们先将板子运行起来，感受一下：

（1）连接电源适配器。

（2）HDMI 输出连接至显示器。

（3）USB 键盘连接至 USB 接口。

（4）按下'电源'键。

（5）看到电源指示灯亮起。如图 4-1 所示。

（6）可以通过显示器看到，UBUNTU 的欢迎界面，用户名与密码均为 ubuntu。

（7）登录后，输入 CTRL＋ALT＋T 打开一个终端。

（8）输入命令 nvgstcapture，可以看到一个显示摄像头采集页面弹出，在终端继续输入 j＋回车，一张摄像头采集图像的截图就会被保存，输入 q＋回车退出程序。

安装过程如下：

图 4-1　Jetson TX2 电源指示灯

（1）下载安装包 VMware-workstation-full-12.1.0-3272444.exe。双击安装包，如图 4-2 所示。

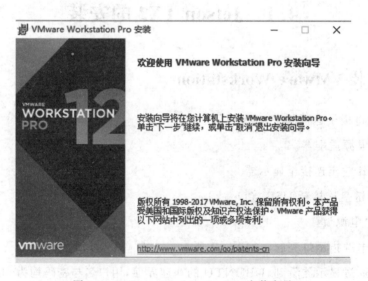

图 4-2　VMware Workstation Pro 安装向导

（2）点击下一步，进入界面如图 4-3 所示。

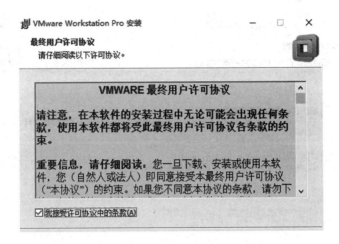

图 4-3　VMware Workstation Pro 安装许可协议

（3）接受协议条款，点击下一步，如图 4-4 所示。

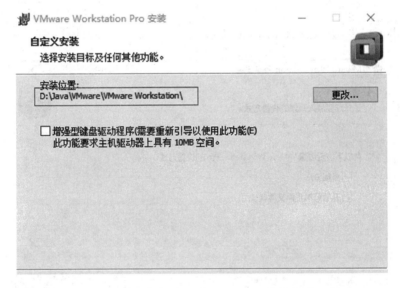

图 4-4　VMware Workstation Pro 安装位置

（4）更改了一下安装路径，点击下一步。

增强型虚拟键盘功能可更好地处理国际键盘和带有额外按键的键盘。此功能只能在 Windows 主机系统中使用。由于增强型虚拟键盘功能可尽可能快地处理原始键盘输入，所以能够绕过 Windows 按键处理和任何尚未出现在较低层的恶意软件，从而提高安全性。使用增强型虚拟键盘功能时，如果按下 Ctrl＋Alt＋Delete，只有客户机操作系统会做出反应。如图 4-5 所示。

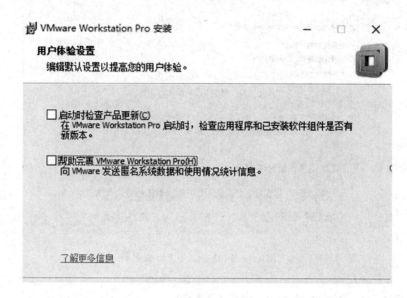

图 4-5　VMware Workstation Pro 安装用户体验设置

（5）点击下一步，进入界面如图 4-6 所示。

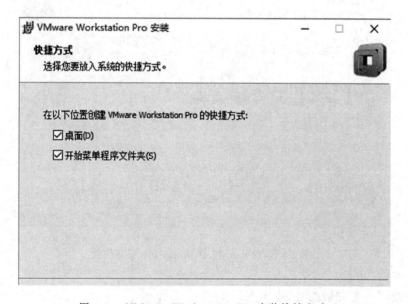

图 4-6　VMware Workstation Pro 安装快捷方式

（6）点击下一步，如图 4-7 所示。

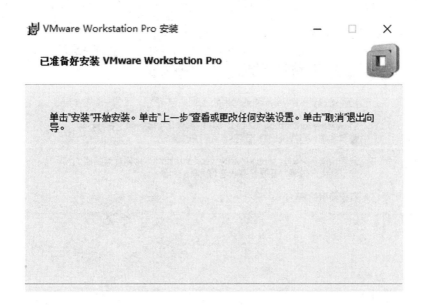

图 4-7　VMware Workstation Pro 安装设置完成

（7）点击安装，之后就开始安装了，如图 4-8 所示，之后点击完成。再点击桌面的快捷方式的时候输入密钥 5A02H-AU243-TZJ49-GTC7K-3C61N。

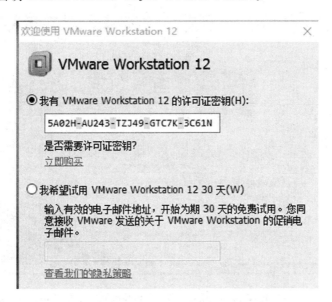

图 4-8　VMware Workstation Pro 安装许可证密钥

（8）点击继续，出现界面如图 4-9 所示。

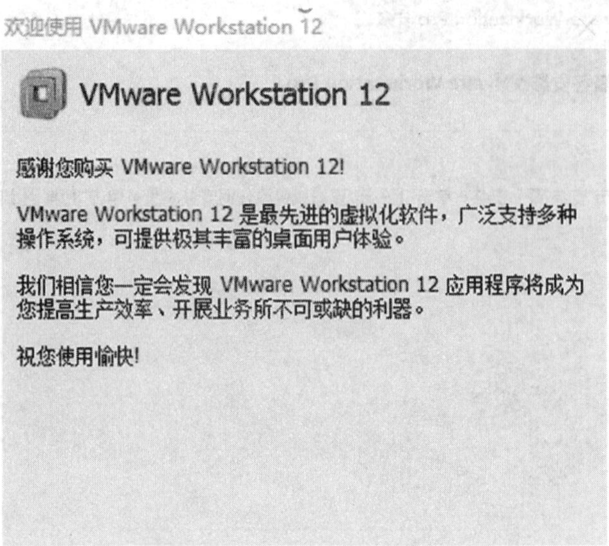

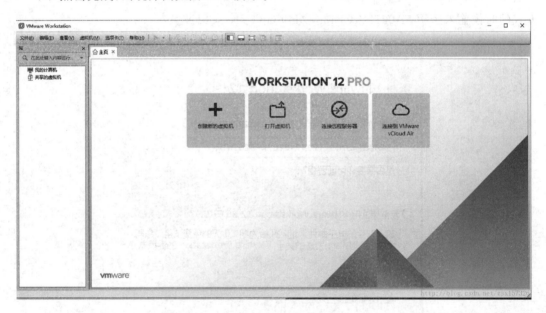

图 4-9　VMware Workstation Pro 安装完成

（9）点击完成，出现界面如图 4-10 所示。

图 4-10　VMware Workstation Pro 界面

（10）这样就安装成功了，如图 4-11 所示。如果以后想删除程序，修复程序，或者再想把那个增强型虚拟键盘装上的。点击安装包 VMware-workstation-full-12.1.0-3272444.exe。

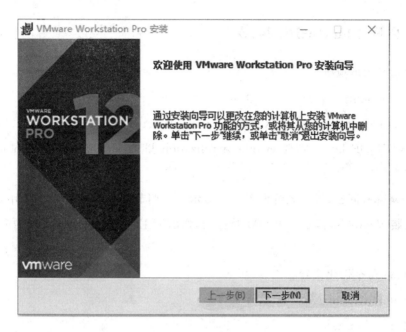

图 4-11　点击安装包

（11）点击下一步，如图 4-12 所示。

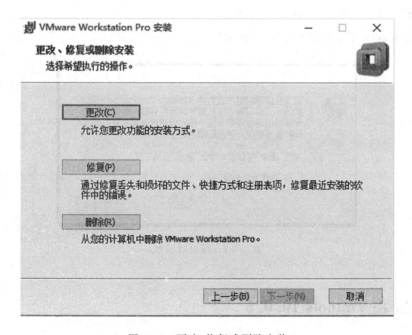

图 4-12　更改、修复或删除安装

4.1.2 安装 Ubuntu-16.04.3

（1）创建新的虚拟机。

（2）安装 Ubuntu。

遇到 this kernel requires an X86-64 cpu but detected an I686 cpu...........

进入 WIN7 DE bios ，需要 enable virtulization 里的 virtulazition technology ，第二没改。

发现分辨率有问题，进入系统设置——显示——调节分辨率——点击应用。

（3）安装 VMtools，提示 CDROM 被占用，弹出后正常。通过搜索找到的命令行，愉快开始。

Ubuntu64 位个性化设置：

全名：williamUbuntu

用户名：myubuntu

密码：keyanbu067

虚拟机名称：DL_Ubuntu

最大磁盘大小设置为：60G

弹出如图 4-13 所示对话框，点击"确定"。

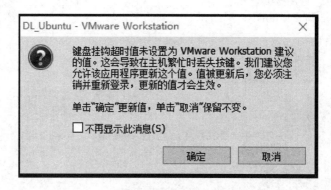

图 4-13 弹出对话框

4.1.3 安装 Vmtools 10.0.5

（1）点击"虚拟机"菜单下的"重新安装 VMware Tools（T）"，如图 4-14 所示。

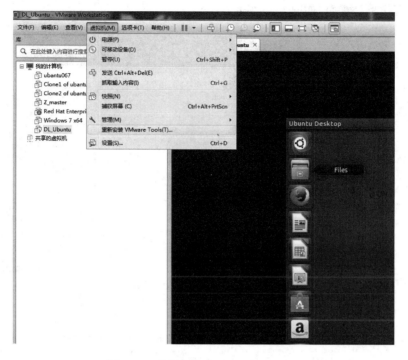

图 4-14 重新安装 VMware Tools(T)

（2）系统自动加载 VMWare Tools 镜像，能看到文件 VMwareTools-10.0.5-3228253. tar.gz，如图 4-15 所示。

图 4-15 VMWare Tools 镜像

（3）右键拷贝到桌面，如图 4-16 所示。

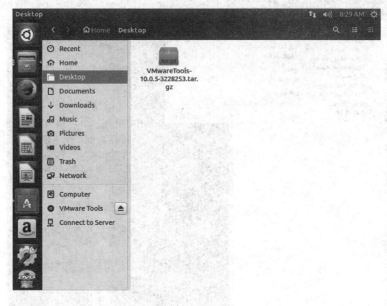

图 4-16　拷贝到桌面

（4）打开终端。可以单击左侧最上边那个图标，在搜索栏输入 te，会看到终端的，如图 4-17 所示。

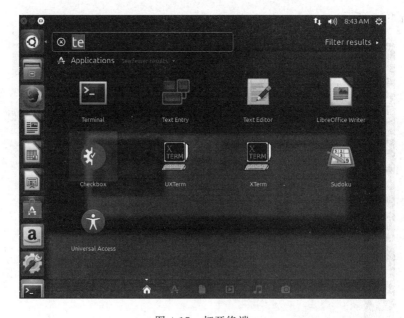

图 4-17　打开终端

（5）输入命令。

tar-xvf /home/myubuntu/Desktop/VMwareTools-10.0.5-3228253.tar.gz

此时,桌面将出现一个名为 vmware-tools-distrib 的文件夹,所以直接尝试右键 "Extract Here",如图 4-18 所示。

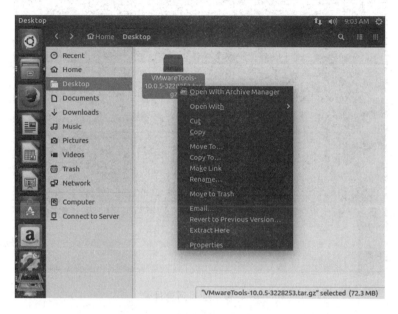

图 4-18　右键"Extract Here"

反倒生成了该文件,如图 4-19 所示。

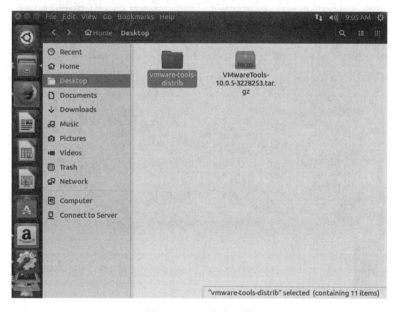

图 4-19　生成该文件

（6）输入：cd /home/myubuntu/Desktop/vmware-tools-distrib，进入到该目录，如图 4-20 所示。

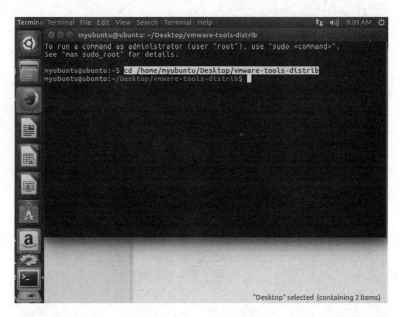

图 4-20　进入到该目录

（7）执行安装命令：sudo ./vmware-install.pl，系统提示要求输入密码，如图 4-21 所示。

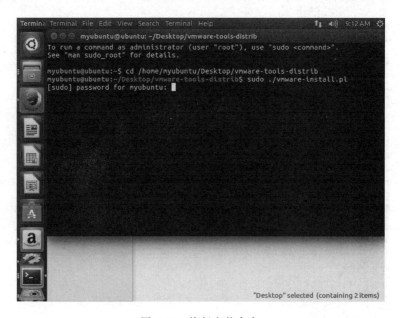

图 4-21　执行安装命令

　　然后出现"yes"时就输入"yes"，出现"no"时就输入"no"，其他情况一直回车就行。安装成功后弹出如图 4-22。

图 4-22　安装成功后的界面

　　（8）最后右键点击"电源（或 Shut Down）"->"重新启动客户机（或 Restart）"，重启系统，VMWare Tools 安装完毕，在 VMWare "查看"菜单下"自动调整大小"选择"自动适应客户机"，重启一下 ubuntu，这时 ubuntu 的桌面占据了 VMWare 下的整个窗口，如图 4-23 所示。

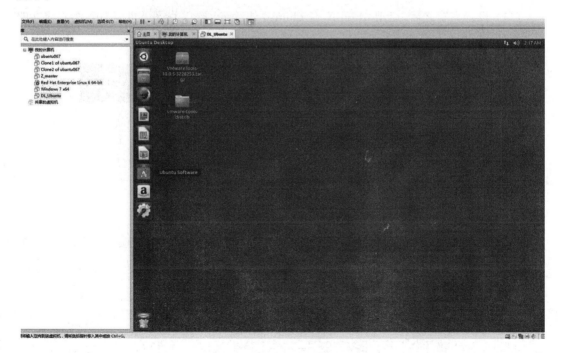

图 4-23　ubuntu 桌面

101

（9）接下来，建立共享文件夹，以便能够在 Windows 和 Linux 系统之间自由拷贝文件。在 Window 下，建立新文件夹。如 E 盘：LinuxShare。

（10）在关闭 ubuntu 的情况下，在 VMWare 左侧，右击 ubuntu（这里是"DL_Ubuntu"），选择"设置"，进一步选择 Options，设置共享文件夹，如图 4-24 所示。

图 4-24　设置共享文件夹

（11）设置完毕之后，启动 ubuntu，在 ubuntu 的/mnt/hgfs 目录下可以看到刚才建立的共享文件夹，如图 4-25 所示。

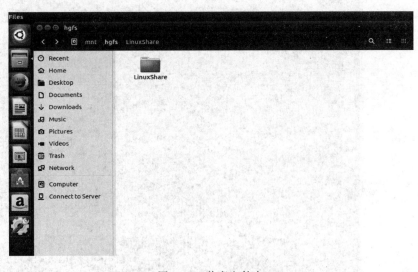

图 4-25　共享文件夹

或者如图 4-26 所示。

图 4-26　共享文件夹

（12）在刚才建立的共享文件夹，如果使用右键的方式，共享文件夹里面的东西只能移动或者复制到 Desktop 或者 Home Folder，这时可以在 ubuntu 终端使用命令 cp 将文件从共享文件夹复制到需要的地方。

例：sudo cp /mnt/hgfs/LinuxShare/cpu. ptf /usr/local/src/cpu. ptf

4.1.4　安装 JetPack 并刷机

要官方下载 JetPack，需要先注册一个账号。

进入 https://developer. nvidia. com 网站完成账号注册并登录。

通过共享文件夹的形式，将 JetPack3. 0 从 win 电脑 copy 到 vmware 虚拟机中的 ununtu 的桌面上，如图 4-27 所示。

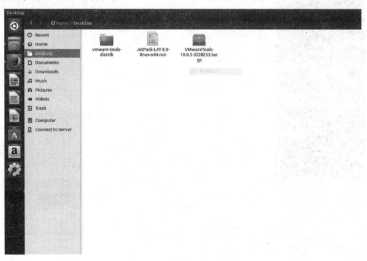

图 4-27　将 JetPack3. 0 拷贝到 ubuntu 的桌面上

输入：cd /home/myubuntu/Desktop，进入到该目录，如图 4-28 所示。

图 4-28　进入到/home/myubuntu/Desktop 目录

更改执行权限：

$ chmod ＋x ./JetPack-L4T-3.0-linux-x64.run

执行安装：

$ sudo ./JetPack-L4T-3.0-linux-x64.run

要求输入系统密码，输入之后开始安装，如图 4-29 至图 4-32 所示。

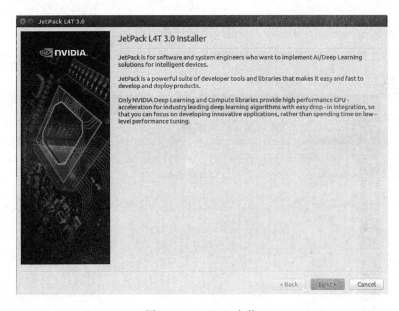

图 4-29　JetPack 安装

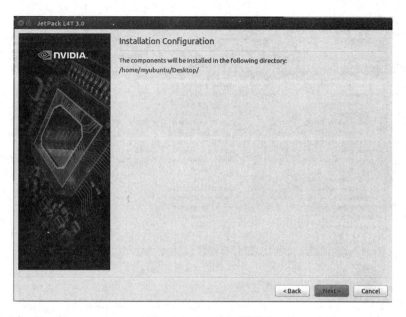

图 4-30　JetPack 安装

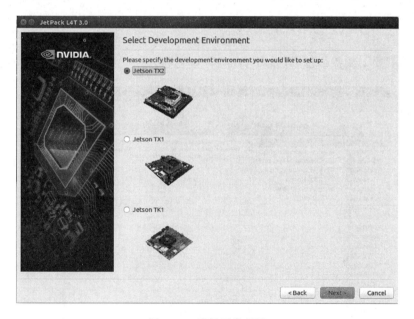

图 4-31　选择开发环境

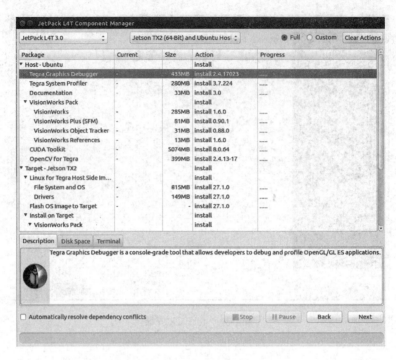

图 4-32　JetPack 部件管理

成功后,就要下载各种包了,如图 4-33 所示,全选。

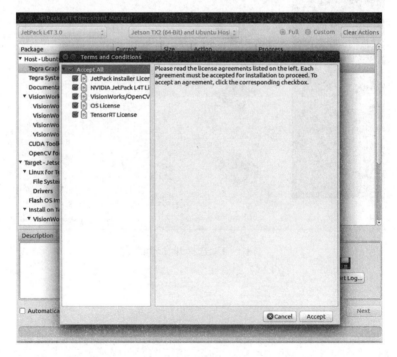

图 4-33　下载各种包

检查是否选择了 CUDA Toolkit 和 OpenCV for Tegra,下载过程可能持续 1～2 个小时,我的电脑配置如图 4-34 所示。

图 4-34　个人计算机配置

安装过程图如图 4-35 至图 4-39 所示。

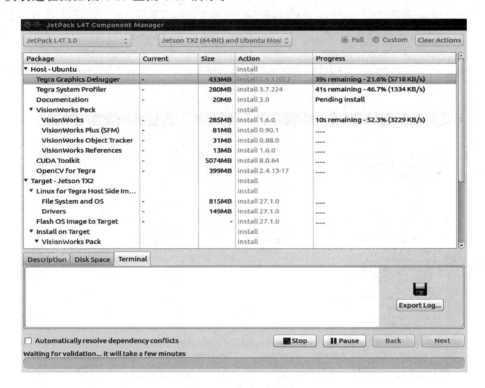

图 4-35　安装过程图 1

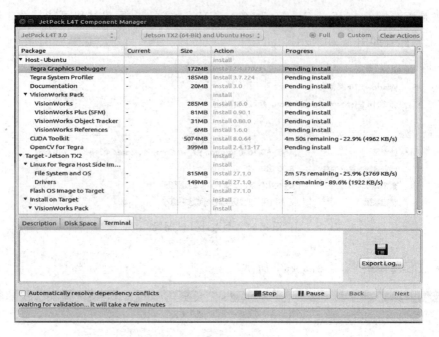

图 4-36　安装过程图 2

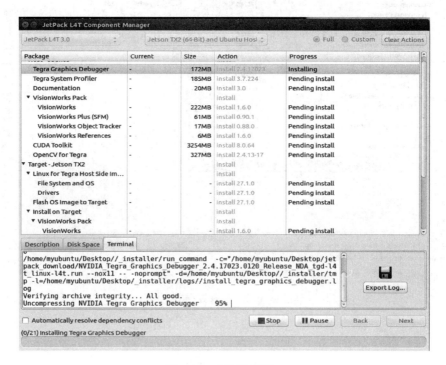

图 4-37　安装过程图 3

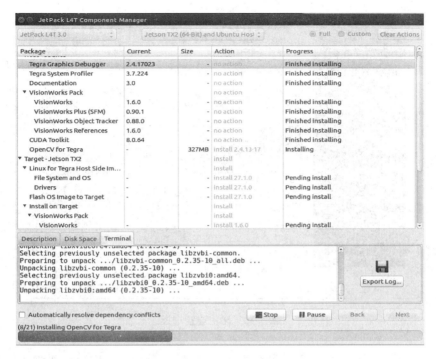

图 4-38　安装过程图 4

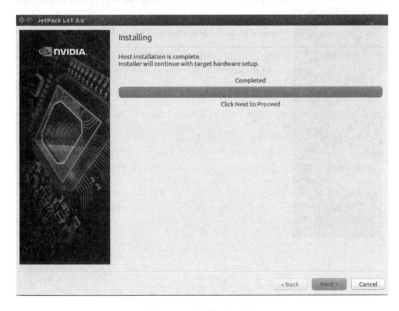

图 4-39　安装过程图 5

开发板刷机过程中需要全程联网，那么官方推荐的做法就是把电脑与开发板用网线连在同一个路由器下。那么在弹出的 network layout 配置中选择路由连接，如图 4-40 所示。

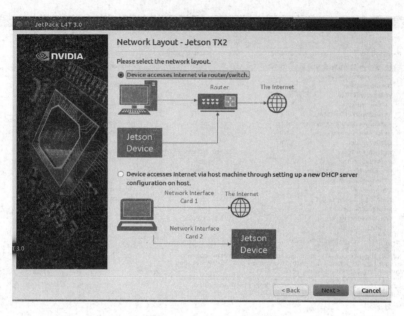

图 4-40　路由连接选择

在 network interface 中选择以太网端口，不认识的话就用默认选项，如图 4-41 所示。

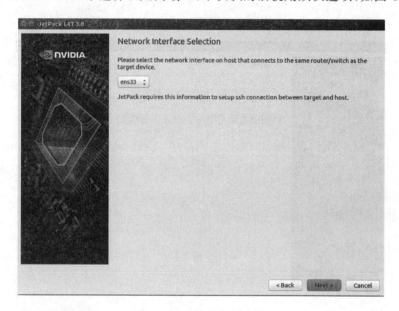

图 4-41　选择以太网端口

下一步安装，如图 4-42 所示。

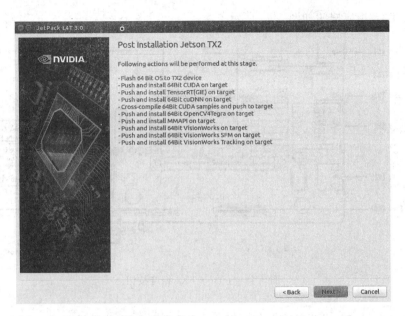

图 4-42 下一步安装

弹出一个窗口,如图 4-43 所示。

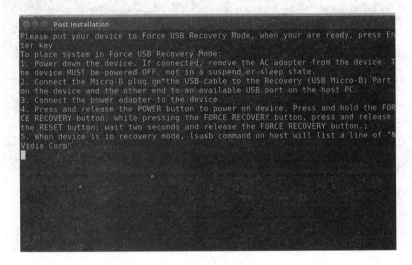

图 4-43 弹出窗口

◇ 断开电源,保证开发板处于断电关机状态。

◇ 用网线连到路由器上,也可插上鼠标键盘。

◇ 用 Micro USB 线把开发板连到电脑上(类似于安卓手机连电脑)。

◇ 接通 AC 电源,按下 power 键,开机。

◇ 刚一开机,就长按 Recovery 键不松开,然后点按一下 Reset 键,过 2s 以后才松开
Reset 键,然后松开 Recovery 此时开发板处于强制恢复模式。

Jetson TX2 相应按钮如图 4-44 所示。

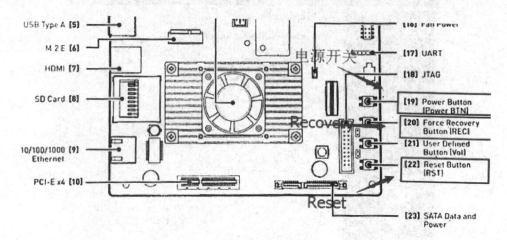

图 4-44　Jetson TX2 相应按钮

这时会出现连接开发板的有关提示，"点击'虚拟机->可移动设备->NVidia APX->连接主机'"，出现如图 4-45 所示对话框。

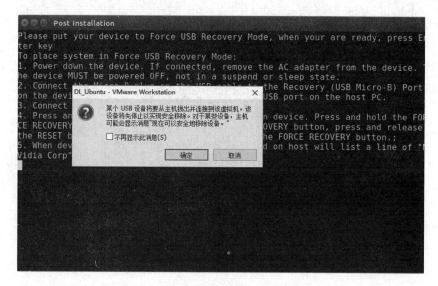

图 4-45　弹出对话框

有时系统会自动关机退出，假如系统退出，则稍后重新开启 Ubuntu 系统后，弹出如图 4-46 所示提示。

图 4-46　重新开启 Ubuntu 系统

完成以上步骤后，我们还要检查开发板有没有和电脑正确连接，按 Ctrl＋Alt＋T 另打开一个终端输入 lsusb 命令，可以看到一些列表，只要发现其中有 Nvidia Corp 就说明连接正确，如图 4-47 所示。

```
myubuntu@ubuntu: ~
myubuntu@ubuntu:~$ lsusb
Bus 001 Device 003: ID 0955:7c18 NVidia Corp.
Bus 001 Device 001: ID 1d6b:0002 Linux Foundation 2.0 root hub
Bus 002 Device 003: ID 0e0f:0002 VMware, Inc. Virtual USB Hub
Bus 002 Device 002: ID 0e0f:0003 VMware, Inc. Virtual Mouse
Bus 002 Device 001: ID 1d6b:0001 Linux Foundation 1.1 root hub
myubuntu@ubuntu:~$
```

图 4-47　输入 lsusb 命令

以上步骤确认无误后，确保开发板已经连接 Ubuntu 系统之后，在刚才 post installation 界面中敲一下回车键，就开始了刷机过程，持续大概半个小时。如图 4-48 至图 4-50 所示是刷机过程截图。

```
⊗ ⊖ ⊡  Post Installation
/preboot_d15_prod_cr.bin) reused.
Existing mts(/home/myubuntu/Desktop/64_TX2/Linux_for_Tegra_tx2/bootloader/mce_mt
s_d15_prod_cr.bin) reused.
Existing mb1file(/home/myubuntu/Desktop/64_TX2/Linux_for_Tegra_tx2/bootloader/mb
1_prod.bin) reused.
Existing bpffile(/home/myubuntu/Desktop/64_TX2/Linux_for_Tegra_tx2/bootloader/bp
mp.bin) reused.
copying bpfdtbfile(/home/myubuntu/Desktop/64_TX2/Linux_for_Tegra_tx2/bootloader/
t186ref/tegra186-a02-bpmp-quill-p3310-1000-c04-00-te770d-ucm2.dtb)... done.
Existing scefile(/home/myubuntu/Desktop/64_TX2/Linux_for_Tegra_tx2/bootloader/ca
mera-rtcpu-sce.bin) reused.
Existing spefile(/home/myubuntu/Desktop/64_TX2/Linux_for_Tegra_tx2/bootloader/sp
e.bin) reused.
copying wb0boot(/home/myubuntu/Desktop/64_TX2/Linux_for_Tegra_tx2/bootloader/t18
6ref/warmboot.bin)... done.
Existing tosfile(/home/myubuntu/Desktop/64_TX2/Linux_for_Tegra_tx2/bootloader/to
s.img) reused.
Existing eksfile(/home/myubuntu/Desktop/64_TX2/Linux_for_Tegra_tx2/bootloader/ek
s.img) reused.
copying dtbfile(/home/myubuntu/Desktop/64_TX2/Linux_for_Tegra_tx2/kernel/dtb/teg
ra186-quill-p3310-1000-c03-00-base.dtb)... done.
Making system.img...
        populating rootfs from /home/myubuntu/Desktop/64_TX2/Linux_for_Tegra_tx2
/rootfs ...
```

图 4-48　刷机过程截图 1

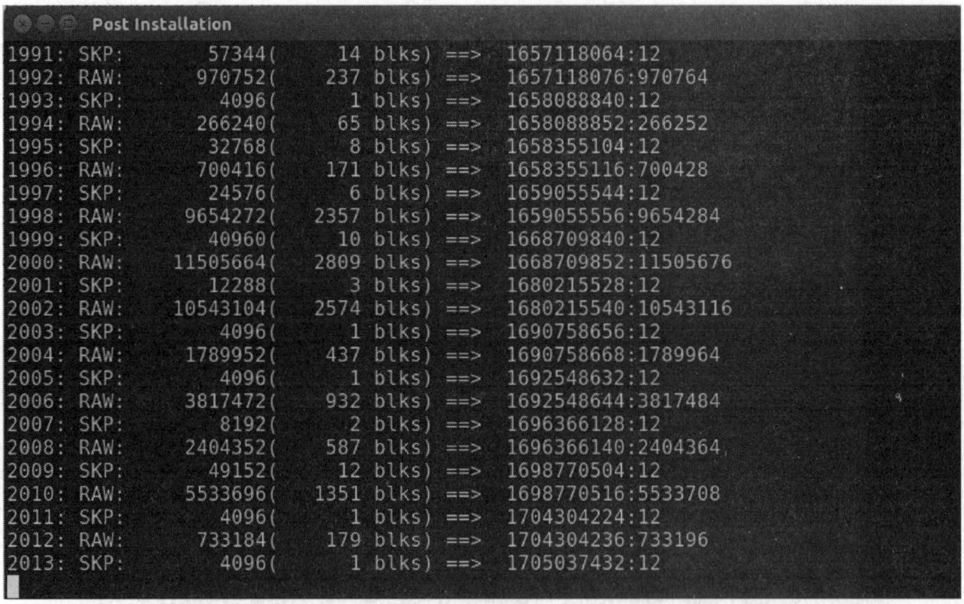

```
⊗ ⊖ ⊡  Post Installation
1991: SKP:        57344(     14 blks) ==>  1657118064:12
1992: RAW:       970752(    237 blks) ==>  1657118076:970764
1993: SKP:         4096(      1 blks) ==>  1658088840:12
1994: RAW:       266240(     65 blks) ==>  1658088852:266252
1995: SKP:        32768(      8 blks) ==>  1658355104:12
1996: RAW:       700416(    171 blks) ==>  1658355116:700428
1997: SKP:        24576(      6 blks) ==>  1659055544:12
1998: RAW:      9654272(   2357 blks) ==>  1659055556:9654284
1999: SKP:        40960(     10 blks) ==>  1668709840:12
2000: RAW:     11505664(   2809 blks) ==>  1668709852:11505676
2001: SKP:        12288(      3 blks) ==>  1680215528:12
2002: RAW:     10543104(   2574 blks) ==>  1680215540:10543116
2003: SKP:         4096(      1 blks) ==>  1690758656:12
2004: RAW:      1789952(    437 blks) ==>  1690758668:1789964
2005: SKP:         4096(      1 blks) ==>  1692548632:12
2006: RAW:      3817472(    932 blks) ==>  1692548644:3817484
2007: SKP:         8192(      2 blks) ==>  1696366128:12
2008: RAW:      2404352(    587 blks) ==>  1696366140:2404364
2009: SKP:        49152(     12 blks) ==>  1698770504:12
2010: RAW:      5533696(   1351 blks) ==>  1698770516:5533708
2011: SKP:         4096(      1 blks) ==>  1704304224:12
2012: RAW:       733184(    179 blks) ==>  1704304236:733196
2013: SKP:         4096(      1 blks) ==>  1705037432:12
```

图 4-49　刷机过程截图 2

```
 Post Installation
[ 18.0359 ] Writing partition secondary_gpt with gpt_secondary_0_3.bin
[ 18.0375 ] [..........................................] 100%

[ 18.1695 ] Erasing sdmmc_user: 3 .........[Done]
[ 20.1910 ] Writing partition master_boot_record with mbr_1_3.bin
[ 20.1913 ] [..........................................] 100%
[ 20.2354 ] Writing partition primary_gpt with gpt_primary_1_3.bin
[ 20.2644 ] [..........................................] 100%
[ 20.3076 ] Writing partition secondary_gpt with gpt_secondary_1_3.bin
[ 20.3491 ] [..........................................] 100%

[ 20.4387 ] Writing partition mb1 with mb1_prod.bin.encrypt
[ 20.4391 ] [..........................................] 100%
[ 20.4991 ] Writing partition spe-fw with spe_sigheader.bin.encrypt
[ 20.5449 ] [..........................................] 100%
[ 20.5972 ] Writing partition mb2 with nvtboot_sigheader.bin.encrypt
[ 20.6437 ] [..........................................] 100%
[ 20.6960 ] Writing partition mts-preboot with preboot_d15_prod_cr_sigheader.bi
n.encrypt
[ 20.7517 ] [..........................................] 100%
[ 20.8122 ] Writing partition master_boot_record with mbr_1_3.bin
[ 20.8666 ] [..........................................] 100%
[ 20.9114 ] Writing partition APP with system.img
[ 20.9404 ] [............                              ] 026%
```

图 4-50 刷机过程截图 3

刷机过程中可能突然出现"Terminal(终端)"消失的情况,出现许多文件夹,如图 4-51所示。

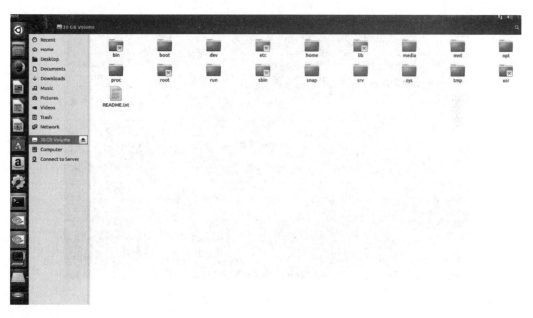

图 4-51 文件夹

这时可以从界面的左下侧找到"■"以及"■"图标,又能看到刷机过程如图 4-52 所示。

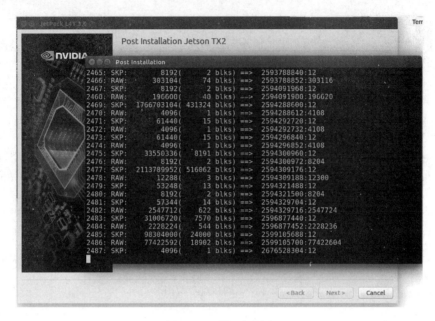

图 4-52　刷机过程图

刷机过程中有可能出现在下面代码地方卡住一直不动,如图 4-53 所示。

```
[ 525.2788 ] Bootloader version 01.00.0000
[ 525.4535 ] Writing partition BCT with br_bct_BR.bct
[ 525.4571 ] [................................................] 100%
[ 525.5684 ]
[ 525.5762 ] tegradevflash_v2 --write MB1_BCT mb1_cold_boot_bct_MB1_sigheader.bc
t.encrypt
[ 525.5778 ] Bootloader version 01.00.0000
[ 525.7531 ] Writing partition MB1_BCT with mb1_cold_boot_bct_MB1_sigheader.bct.
encrypt
[ 525.7583 ] [................................................] 100%
[ 525.8770 ]
[ 525.8770 ] Flashing completed
[ 525.8771 ] Coldbooting the device
[ 525.8789 ] tegradevflash_v2 --reboot coldboot
[ 525.8809 ] Bootloader version 01.00.0000
[ 526.0843 ]
*** The target t186ref has been flashed successfully. ***
Reset the board to boot from internal eMMC.

1
Finished Flashing OS
Determining the IP address of target...
```

图 4-53　刷机过程中卡顿

产生这一现象的主要原因是虚拟机的网络适配器模式选择了 NAT 模式共享主机 IP
地址,一定要改为桥接模式,复制物理网络连接模式,如图 4-54。

点击虚拟机→设置,将网络适配器中的网络连接改为桥接模式,并勾选复制物理网络
连接状态,如图 4-54 所示。

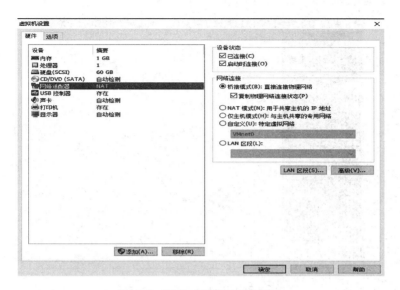

图 4-54 网络连接改为桥接模式

如果修改之后还找不到开发板的 IP 地址,那就再尝试连接一次,一般就连上了。如果还不能联网,那就试试下面方法:

VM 虚拟机桥接模式无法联网时,再重新执行一遍就好了。

当显示下面界面就代表完成安装了,如图 4-55 所示。

图 4-55 完成安装

Post Installation 完成之后,显示删除下载文件,可以先不勾选删除下载文件,如图 4-56 所示。

好了,到这就算刷机完成。

刷机成功之后,Jetson TX2 中的 Ubuntu 用户名和密码默认都是"nvidia"。

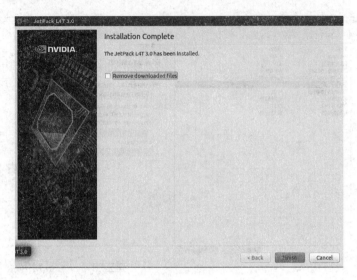

图 4-56　Post Installation 完成

刷机成功后，重启 TX2，连接键盘鼠标显示器，就可以跑 Demo 了。

在命令端进入到这里输入如下命令，进入 tegra_multimedia_api/samples/backend 中。

cd 'home/nvidia/tegra_multimedia_api/samples/backend'

再执行下面命令：

./backend 1 ../../data/Video/sample_outdoor_car_1080p_10fps. h264 H264 --gie-deployfile ../../data/Model/GoogleNet _ one _ class/GoogleNet _ modified _ oneClass _ halfHD. prototxt --gie-modelfile ../../data/Model/GoogleNet _ one _ class/GoogleNet _ modified_oneClass_halfHD. caffemodel --gie-forcefp32 0 --gie-proc-interval 1 -fps 10

然后回车，如图 4-57 所示：

图 4-57　执行相关命令

再等待一段时间,就可以看到如图 4-58 所示这段车辆识别画面。

后续可以研究一下这个示例代码,从此就可以正式走上 Jetson TX2 开发之路了。

图 4-58 车辆识别画面

4.2 Jetson TX2 下安装 TensorFlow 深度学习框架

Jetson TX2 上安装 TensorFlow 需要用到 CUDA 和 cuDNN。

另外,对于普通的 Ubuntu、Windows 等系统,TensorFlow 提供了简单的 pip 方式,分为有 GPU 和无 GPU 版本,但是 pip 安装方式存在一个问题,TensorFlow 执行 CPU 计算的效率低,没有优化,所以最好的安装方式是重新编译源码。另外,TX2 的 CPU 是 ARM 架构,混合 NVIDIA 自家的 CPU,所以目前只能重新编译,再安装 TensorFlow。

TensorFlow 占用比较多空间,TX2 通常空间不足,最好增加 64G+的 U 盘作为 root 分区启动,增加交换分区大小为 8G+。或者挂载 U 盘作为分区,移植大文件或目录到 U 盘,并做好 ln 软连接到原来的目录位置。总体测试下来,安装时间比较长,会有错误出现,根据错误做修复。如果入口脚本命令报错,请根据脚本里面的命令一条条执行,并处理错误信息。还可以注释下载类命令,再重复执行。

4.2.1 安装 TensorFlow 深度学习框架

准备:

L4T 27.1 an Ubuntu 16.04 64-bit variant (aarch64);

CUDA 8.0;

cuDNN 5.1.10;

TensorFlow 安装需要用到 CUDA 和 cuDNN;

安装的版本为：TensorFlow v1.0.1；

增加 Swap 交换区的大小：

［plain］

//创建脚本，其中 mkdir 是用来创建指定名称的目录；～/表示 home 目录，即/home；vim 是一种编辑工具，和 vi 类似，但对 vi 进行了优化，能够主动识别 Linux,C 语言中关键字，并用不同颜色标记，具有很强的阅读性。

```
$ mkdir ~/swap/
$ cd ~/swap/
$ vim createSwapFile.sh


//脚本内容如下
#! /bin/bash
# NVIDIA Jetson TX1 in 3D card
# Create a swapfile for Ubuntu at the current directory location
fallocate-1 4G swapfile
# List out the file
ls -1h swapfile
# Change permissions so that only root can use it
chmod 600 swapfile
# List out the file
ls -1h swapfile
# Set up the Linux swap area
mkswap swapfile
# Now start using the swapfile
swapon swapfile
# Show that it´s now being used
swapon -s
```

//设置权限

```
$ chmod +x createSwapFile.sh
```

//执行

```
$ sudo ./createSwapFile.sh
```

//创建 swap 为 4G 大小 swap 文件

//设置开机生效

```
$ sudo vim/etc/fstab
```

//内容如下

```
/home/ubuntu/swap/swapfile none swap sw 0 0
```

安装：

[cpp]

//下载脚本,其中 Git 是目前最流行的版本管理系统,学会 Git 几乎成了开发者的必备技能,Git 有很多优势,其中之一就是远程操作非常简便,git clone 就是其中一个 Git 命令,作用是从远程主机克隆一个版本库,格式是:$ git clone ＜版本库的网址＞,该命令会在本地主机上生成一个目录,与远程主机的版本库同名。如果要指定不同的目录名,可以将目录名作为 git clone 命令的第二个参数。

```
$ mkdir ~/tensorflow
$ cd ~/tensorflow
$ git clone https://github.com/ncnynl/installTensorFlowTX2.git
$ cd installTensorFlowTX2
```

//安装依赖:其中 chmod 命令用于改变 linux 系统文件或目录的访问权限。chmod + x installPrerequisites.sh 是为 installPrerequisites.sh 文件增加可执行权限;安装 java,Protobuf,grpc-java ,Bazel 等

```
$ chmod + x installPrerequisites.sh
$ ./installPrerequisites.sh
```

//下载 tensorflow 代码

```
$ ./cloneTensorFlow.sh
```

//设置环境变量

```
$ ./setTensorFlowEV.sh
```

//编译 TensorFlow

```
$ ./buildTensorFlow.sh
$ ./packageTensorFlow.sh
```

//安装 whl 文件

```
$ pip install $ HOME/tensorflow-1.0.1-cp27-cp27mu-linux_ aarch64.whl
```

测试

```
$ cd $ HOME/tensorflow
$ time python tensorflow/models/image/mnist/convolutional.py
```

◇ 利用 Jetpack 安装如下：

L4T 27.1 an Ubuntu 16.04 64-bit variant (aarch64)；

CUDA 8.0；

cuDNN 5.1.10；

TensorFlow 安装需要用到 CUDA 和 cuDNN。

TensorFlow 占用比较多空间，TX2 通常空间不足，最好增加 64G＋的 U 盘作为 root 分区启动，增加交换分区大小为 8G＋。或者挂载 U 盘作为分区，移植大文件或目录到 U 盘，并做好 ln 软连接到原来的目录位置。（或者像上篇文章一样，增加 Swap 交换区的大小）

总体测试下来，安装时间比较长，会有错误出现，根据错误做修复。

如果入口脚本命令报错的话，请根据脚本里面的命令一条条执行，并处理错误信息。并可以注释下载类命令，再重复执行。

安装的版本为：TensorFlow v1.0.1；

安装：

```
//下载脚本
$ mkdir ~/dl
$ cd ~/dl
$ git clone https://github.com/ncnynl/installTensorFlowTX2.git
$ cd installTensorFlowTX2


//安装依赖
$ chmod ＋x installPrerequisites.sh
$ ./installPrerequisites.sh


//包含安装 java,Protobuf,grpc-java ,Bazel 等,下载 tensorflow 代码
$ ./cloneTensorFlow.sh


//设置环境变量
$ ./setTensorFlowEV.sh


//编译 TensorFlow
```

```
$ ./buildTensorFlow.sh
```

//编译时间比较长,中间会有自动退出的情况,继续执行命令直到完成

//打包成 whl 文件,放在 $HOME 目录下,如:tensorflow-1.0.1-cp27-cp27mu-linux_aarch64.whl

```
$ ./packageTensorFlow.sh
```

//安装 whl 文件
```
$ pip install $HOME/tensorflow-1.0.1-cp27-cp27mu-linux_aarch64.whl
```
//提示权限问题的话,pip 前加 sudo

测试:
运行 TensorFlow 例子:
```
$ cd ~/dl/installTensorflowTX2/
$ vim test.py
```

内容如下:
```
#! /usr/bin/env python

import tensorflow as tf
hello = tf.constant('Hello,TensorFlow!')
sess = tf.Session()
print(sess.run(hello))
```

效果如下:
```
$ chmod +x test.py
$ python test.py
```

Hello,TensorFlow!

常见问题 1:提示找不到 http://zlib.net/zlib-1.2.8.tar.gz。
解决方案:需要打补丁,cloneTensorFlow.sh 里面的打补丁没执行好。

常见问题 2：提示 junit. 4. 12. jar 不能下载。

解决方案：修改 vim ～/tensorflow/tensorflow/workspace. bzl 更换地址，并去掉校验 native. http_jar(

name ＝ "junit_jar"，

　　　＃url "https://github. com/junit-team/junit4/releases/download/r4. 12/junit-4. 12. jar"，

　　　url "https://github. com/orrsella/bazel-example/blob/master/third_party/junit/junit-4. 12. jar"，＃sha256 ＝ "59721f0805e223d84b90677887d9ff567dc534d7c502ca903c0c2b17f05c116a"，

　　　＃sha256 ＝ "fe3d4c56388dc3d74049abae83f4520f6703062e174e16bb5551cdf439ca4f81"，

　　）

4.2.2 Jetson TX2 安装 TensorFlow 注意事项

在 nvidia jetson TX 2 上安装 TensorFlow 时，在使用下面教程进行安装时，可能会出现多次卡死在编译阶段：. /buildTensorFlow. sh：

nvidia jetson tx2 安装 TensorFlow：

http://www. ncnynl. com/archives/201706/1754. html

解决方法：引发该错误的原因是内存不足，可以通过 Ubuntu 中的 swap 分区分配 2G 虚拟内存，来解决内存不足的问题；

(1) 首先用命令 free 查看系统内 Swap 分区大小。

free -m

(2) 创建一个 Swap 文件。

mkdir /swap

cd /swap

创建 2Gswap 分区：sudo dd if＝/dev/zero of＝swapfile bs＝1024 count＝2000000

把生成的文件转换成 Swap 文件：sudo mkswap -f swapfile

(3) 激活 Swap 文件。

sudo swapon swap

(4) 使用 free -m 查看分区结果。

4.3 Jetson TX2 刷机及安装 TensorFlow GPU 注意事项

(1) 新买的 TX2 建议直接刷机，不要用自带系统，刷机时安装 jetpack 中所有包。

（2）刷机：当安装完系统镜像时，会提示你重启，先重启，再安装其他的包（cuda、cudnn等）（注意：将系统镜像那一项以上的都选为 no action，只安装 target board）。

（3）等待安装完成后，开始安装 TensorFlow，采用编译安装，详见链接：

https://syed-ahmed. gitbooks. io/nvidia-jetson-tx2-recipes/content/first-question. html。这个链接已实验成功，不过 tf 版本为 1.0。

http://www. jetsonhacks. com/2017/09/14/build-tensorflow-on-nvidia-jetson-tx2-development-kit/ 这个链接也实验过，版本为 1.3，未成功调用 GPU。

（4）安装 jupyter notebook 推荐。

注意事项：

（1）编译前增加 swap 空间为 8G。

（2）测试程序记得配置 session。

sess＝tf. Session（config＝tf. ConfigProto（log_device_placement＝True，allow_soft_placement＝True））。

之前一直没设置 allow_soft_placement 参数，导致没有成功使用 GPU。

根据官方说明，这个是当指定设备不可用时寻找替代设备的标志位，至于为什么这样就可以了，还不太清楚。

4.4 Atlas 200 的安装

4.4.1 开发前的装备

使用 Atlas 200 前，需要自行购买相关配件，包含制作 Atlas 200 启动系统的 SD 卡，读卡器，与 UI Host 相连接的 Type-C 连接线及摄像头等配件。

（1）Ubuntu 安装

安装 Ubuntu 操作系统有虚拟机和双系统两种方式，这里采用安装虚拟机的方式进行配置。首先下载安装 VMware 软件，然后下载 Ubuntu 操作系统文件，Ubuntu 操作系统的版本需要为 16.04.3，从网站 http://old-releases. ubuntu. com/releases/16.04. 3/下载对应版本软件进行安装，这里需要下载"ubuntu-16.04. 3-desktop-amd64. iso"（网站里有挺多相似名称的映像文件，注意仔细区分）。

安装成功 VMware 软件之后点创建新的虚拟机（典型），下一步，点中间"安装程序光盘映像文件"找到刚下载 Ubuntu 的地址，如图 4-59 所示，然后创建用户名密码，一直点下一步，直到"完成"。

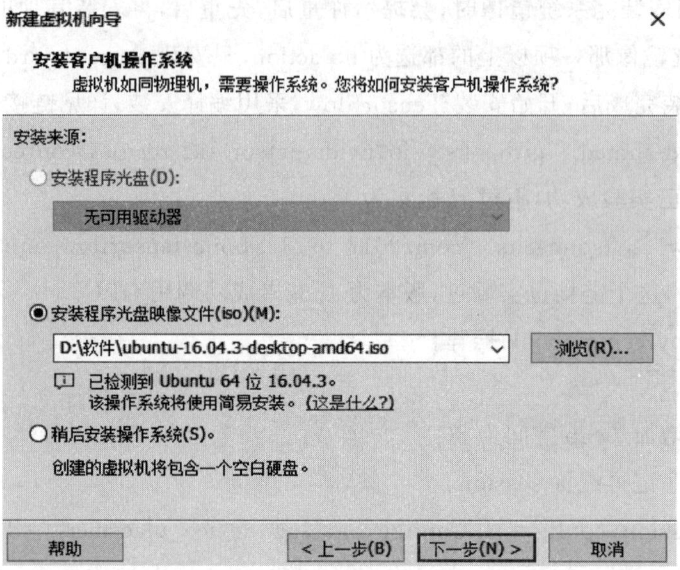

图 4-59 安装客户机操作系统

完成安装 Ubuntu 后，打开新创建的虚拟机。输入账号密码登录，在这个过程中，可能会遇到"此主机支持 Intel VT-x，但 Intel VT-x 处于禁用状态"的错误，可参考：

https://blog.csdn.net/wang_zhenwei/article/details/77971768 进行解决。

（2）更改软件源

成功打开 Ubuntu 后，首先打开左侧的火狐浏览器，搜索框里输入百度的网址，搜索框输入"Ubuntu yuan"网页选择如图 4-60 所示，找一个（推荐清华大学源），复制整个路径。

图 4-60 Ubuntu16.04 几个国内更新源

在桌面上右键"open terminal" 输入"sudo passwd root"输入之前设置的 root 密码，设置新的 root 密码。

（3）安装文字处理软件 vim

在"open terminal"下输入"su - root"输入 root 密码。输入"apt-get install vim"进入配置软件源文章的目录"cd /etc/apt"">sources. list"（清空现在所有软件源的路径，用以保存刚复制清华大学软件源的路径）。然后"vim sources. list"输入 i（进入编辑模式）粘贴刚从网页复制的软件源路径，点击 Esc 输入"：wq"保存退出。输入"apt-get update"刷新操作系统上的软件安装。

（4）安装谷歌 Chrome 浏览器

"open terminal"

"sudo wget http：//www. linuxidc. com/files/repo/google-chrome. list -P /etc/apt/sources. list. d/"

"wget -q -O - https：//dl. google. com/linux/linux_signing_key. pub ｜ sudo apt-key add -"

"sudo apt-get update"

"sudo apt-get install google-chrome-stable"

（5）配置 Mind Studio 安装用户权限

Mind Studio 安装前需要下载相关依赖软件，下载依赖软件需要使用 sudo apt-get 权限，请以 root 用户执行如下操作。

打开"/etc/sudoers"文件：

"chmod u＋w /etc/sudoers"

"vi /etc/sudoers"

在该文件"♯ User privilege specification"这一行下面增加如下内容：

username ALL＝(ALL：ALL)　　NOPASSWD：SETENV：/usr/bin/apt-get

"username"为最开始设置的用户名。

确保"/etc/sudoers"文件的最后一行为"♯ includedir /etc/sudoers. d"，如果没有该信息，要手动添加。

添加完成后，执行：wq! 保存文件。

执行以下命令取消"/etc/sudoers"文件的写权限：chmod u-w /etc/sudoers。

（6）检查源

Mind Studio 安装过程需要下载相关依赖，请确保安装 Mind Studio 的服务器能够连接网络。

请在 root 用户下执行如下命令检查源是否可用。

"apt-get update"

如果命令执行报错，则检查网络是否连接或者把"/etc/apt/sources. list"文件中的源更换为可用的源。

（7）安装依赖

切换到 Mind Studio 安装用户执行如下操作，安装 Mind Studio 工具依赖的 gcc、JDK 等组件。

执行以下命令安装 Mind Studio 相关依赖。

"sudo apt-get install gcc g＋＋ cmake curl libboost-all-dev libatlas-base-dev unzip haveged liblmdb-dev python-skimage python3-skimage python-pip python3-pip libhdf5-serial-dev libsnappy-dev libleveldb-dev swig python-enum python-future make graphviz autoconf libxml2-dev libxml2 libzip-dev libssl-dev sqlite3 python"

（8）安装 JDK

执行"sudo apt-get install -y openjdk-8-jdk"命令安装 JDK。

若用户本地已经安装 JDK，使用 java -version 命令查看版本号，若版本号低于 1.8.0_171，则请卸载 JDK，然后通过检查源中的方法重新下载源，并安装 JDK。

若用户通过检查源中的源以及安装的 JDK，通过 java -version 命令查看版本号，若版本号低于 1.8.0_171，则使用 sudo apt-get update 更新源。

若通过以上两种方法更新源后，若版本号仍低于 1.8.0_171，则进入 Oracle 官网下载 jce_policy-8. zip 文件，将该包中的 local_policy. jar 和 US_export_policy. jar 文件，替换掉 "％JAVA_HOME％\jre\lib\security"中的相应文件（％JAVA_HOME％为环境变量，该环境变量所指地址可以在. bashrc 文件中查看）。

配置 JAVA_HOME 环境变量，Mind Studio 的安装及运行都依赖该环境变量，设置方法如下。

若未按照该步骤设置环境变量，则在安装 Mind Studio 时会提示如下错误信息，安装 Mind Studio 失败。

Please set JAVA_HOME！，Exit 1

在任何目录下执行 vi ～/. bashrc 命令，打开. bashrc 文件。

在文件的最后一行后面添加如下内容：

export JAVA_HOME＝/usr/lib/jvm/java-8-openjdk-amd64

export PATH＝＄JAVA_HOME/bin：＄PATH

"JAVA_HOME"为 JDK 的安装目录，若用户已经配置了 JDK，请根据安装目录的实际情况进行修改。若根据上述步骤安装的 JDK，则安装目录不用修改。

执行：wq！命令保存文件并退出。

执行 source ～/. bashrc 命令使环境变量生效。

执行 echo ＄JAVA_HOME 命令检查环境变量设置，回显信息如下：

/usr/lib/jvm/java-8-openjdk-amd64

执行 which jconsole 命令检查 JDK 安装。

如果输出如下回显信息表示安装成功,如果未输出如下回显信息表示 JDK 安装失败。

/usr/lib/jvm/java-8-openjdk-amd64/bin/jconsole

(9) 制卡操作

获取 SD 卡制作脚本"make_sd_card. py","make_ubuntu_sd. sh",Atlas 200 DK 运行包与 Ubuntu Package。

下载信息如下:

◇ 制卡入口脚本:make_sd_card. py。

◇ 制作 SD 卡操作系统脚本:make_ubuntu_sd. sh。

◇ 从 https://gitee. com/HuaweiAscend/tools 中获取。

◇ Atlas 200 DK 运行包:mini_developerkit-xxx. rar。

◇ 对应的软件完整性校验文件为 mini_developerkit-xxx. rar. asc。

◇ Ubuntu Package:ubuntu-xxx-server-arm64. iso。

软件下载后请保持原命名。

请将 SD 卡放入读卡器,并将读卡器与 Ubuntu 服务器的 USB 接口连接。

在 Ubuntu 服务器中执行如下命令安装 qemu-user-static、binfmt-support、yaml 与交叉编译器。

su-root

执行如下命令更新源:

apt-get update

执行如下命令安装相关依赖库:

apt-get   install   qemu-user-static   binfmt-support   python3-yaml   gcc-aarch64-linux-gnu g++-aarch64-linux-gnu

其中 "gcc-aarch64-linux-gnu"与"g++-aarch64-linux-gnu"为"5.4.0"版本,其他依赖软件包无版本要求。Ubuntu 16.04.3 默认安装的 GCC 版本即为 5.4.0。

将软件包准备获取的 SD 卡制作脚本"make_sd_card. py"、"make_ubuntu_sd. sh"、Atlas 200 DK 运行包与 Ubuntu Package 以普通用户上传到 Ubuntu 服务器任一目录,例如/home/ascend/mksd。

注意:

以上脚本与软件包请放置到同一目录下。

本地制卡只允许当前目录下存放一个版本的软件包。切换到 root 用户,并进入制卡脚本所在目录/home/ascend/mksd。

su - root

cd /home/ascend/mksd/

(可选)配置 Atlas 200 DK 开发者板的 IP 地址。

SD 制卡脚本中默认配置的 Atlas 200 DK 开发者板的 USB 网卡的 IP 地址为 192.168. 1.2,NIC 网卡的 IP 地址为 192.168.0.2。

如下场景下,用户可以在制作 SD 卡时就修改 Atlas 200 DK 开发者板的默认 IP 地址, 例如:

若 Ubuntu 服务器的 IP 地址为 192.168.1.2 或者 192.168.0.2,且不方便修改,此时需 要在制卡阶段修改 Atlas 200 DK 开发者板的默认 IP 地址,避免与 Ubuntu 服务器的 IP 地 址冲突。

更改 Atlas 200 DK 开发者板默认 IP 地址的方法:

分别修改"make_sd_card.py"中的"NETWORK_CARD_DEFAULT_IP"与"USB_CARD_DEFAULT_IP"的参数值。

"NETWORK_CARD_DEFAULT_IP":Atlas 200 DK 开发者板 NIC 网卡的 IP 地址。

"USB_CARD_DEFAULT_IP":Atlas 200 DK 开发者板 USB 网卡的 IP 地址。

执行制卡脚本。

执行 fdisk -l 命令查找 SD 卡所在的 USB 设备名称,例如"/dev/sda"。

运行 SD 制卡脚本"make_sd_card.py"。

python3 make_sd_card.py local /dev/sda

"local"表示使用本地方式制作 SD 卡。

"/dev/sda"为 SD 卡所在的 USB 设备名称。

如图 4-61 所示表示制卡成功。

```
root@ascend-HP-ProDesk-600-G4-PCI-MT:/home/ascend/mksd# python3 sd_card_making.py local /dev/sda
Begin to make SD Card...
Please make sure you have installed dependency packages:
    apt-get install -y qemu-user-static binfmt-support gcc-aarch64-linux-gnu g++-aarch64-linux-gnu
Please input Y: continue, other to install them:Y
Step: Start to make SD Card. It need some time, please wait...
Make SD Card successfully!
```

图 4-61　SD 制卡回显信息示例

如果制卡失败,可以查看当前目录下的 sd_card_making_log 文件夹下的日志文件进行 分析。制卡成功后,将 SD 卡从读卡器取出并插入 Atlas 200 DK 开发者板卡槽。上电 Atlas 200 DK 开发者板。

注意:

首次启动 Atlas 200 DK 开发者板时不能断电,以免对 Atlas 200 DK 开发者板造成损 害,再次上电需与上次下电时间保持 2S 以上的安全时间间隔。

4.4.2 安装 Mind Studio

当前不支持在一台机器上安装多个 Mind Studio，可以先通过查询 Mind Studio 版本初步判定系统是否已安装 Mind Studio，如果系统上已存在 Mind Studio，请将原 Mind Studio 卸载后再执行安装，需要使用 Mind Studio 的安装用户进行卸载。

卸载 Mind Studio 后，在重装安装前，请先清空/tmp、/dev/shm 目录，防止后续切换到 Mind Studio 的安装用户安装时存在权限不足的问题。

在工具安装前，请完成上传以及解压等操作。

(1) 设置安装包目录权限

创建目录。

使用 Mind Studio 的安装用户，在 Linux 系统的 $HOME 目录下创建放置安装包的目录，例如：director。使用命令为：mkdir director。

设置安装包目录权限。

director 目录对于 Mind Studio 的安装用户必须具有读写和执行的权限，如果没有相关权限，请使用 su root 切换到 root 用户执行如下命令：

chown username:usergroup director

chmod 750 director

参数说明如下：

username 为安装 Mind Studio 的用户名。

usergroup 为安装 Mind Studio 的用户所属的组。

usergroup 为安装 Mind Studio 的用户所属的第一个组，查询命令为 groups，如图 4-62 所示。

图 4-62 查询用户所属的第一个群组

若工具安装在其他路径，请确保此路径也具有 750 权限。只对 director 文件夹设置 750 权限即可。

(2) 上传安装包

使用 Mind Studio 的安装用户将如下文件上传到 director 目录下：

◇ mini_mind_studio_Ubuntu.rar：Mind Studio 安装包。

◇ mini_mind_studio_Ubuntu.rar.asc：Mind Studio 安装包校验文件。

◇ MSpore_DDK＊＊＊＊tar.gz：DDK 安装包。

◇ MSpore_DDK ＊＊＊＊tar. gz. asc；DDK 安装包校验文件。

◇ Mind Studio 安装包与 DDK 安装包需要放在同一个目录。

（3）软件包完整性校验

为了防止软件包在传输过程中由于网络原因或存储设备原因出现下载不完整或文件破坏的问题，在执行安装前，建议您对软件包的完整性进行校验。

在安装包所在目录 director 下，执行如下操作：

• 配置 OpenPGP 公钥信息，请参考配置 OpenPGP 公钥。

• 使用 Mind Studio 安装用户分别执行如下命令，检测 Mind Studio 和 DDK 软件包是否合法完整，如图 4-63 所示。

Mind Studio：

gpg --verify "mini_mind_studio_ ＊. rar. asc"

DDK：

gpg --verify "MSpore_DDK ＊ ＊ ＊ ＊tar. gz. asc"

图 4-63　软件包完整性检测

返回信息中"D5CFA5D9"为 Mind Studio 公钥 ID，"27A74824"为 DDK 公钥 ID。

提示信息返回"Good signature"且信息中无 WARNING 或 FAIL，表明此签名为有效签名，软件包完整性校验通过。

操作时，请将 mini_mind_studio_ ＊. rar. asc 以及 MSpore_DDK ＊ ＊ ＊ ＊tar. gz. asc 替换为实际安装包对应的校验文件。

软件包和软件包. asc 文件必须放在同一个路径，才能进行完整性校验。

（4）解压安装包

使用 Mind Studio 的安装用户执行如下命令，解压"mini_mind_studio_Ubuntu. rar"安装包。unzip mini_mind_studio_Ubuntu. rar。

安装 Mind Studio 时，安装脚本会自动加载 DDK 安装包中的相关内容，所以无需解压 DDK 安装包。

◇ 切换到 root 用户为 Mind Studio 的安装用户加权。

su root

cd /home/username/director. /add_sudo. sh username

如果不执行上述加权操作，则会在执行安装脚本时出现如下提示信息，停止安装。

Please check if add_sudo. sh exists and execute it with root privileges. Usage：. /add_ sudo. sh［user］,example:sudo add_sudo. sh［install_user］

◇ 在执行安装前,请使用 Mind Studio 的安装用户,先检查配置文件"env. conf"中的
参数。

如果不修改配置文件,则安装时会使用默认配置完成安装;如果需要更改安装参数,请
修改相应参数,然后再进行安装。

如果配置 env. conf 文件过程中,内容被误删除或清空,请重新解压安装包,获取新的
env. conf 文件。

◇ 在 Mind Studio 安装用户下执行. /install. sh 或 bash install. sh 安装脚本。

安装 Mind Studio 时,脚本会自动加载 DDK 安装包中的相关内容,完成 DDK 的安装,
DDK 的默认安装路径为 $ HOME/tools/che/ddk。

◇ 配置 Mind Studio,启动所用的 IP 地址,该操作分两种情况:

(用户的环境没有 eth0 网卡或有多个网卡才会出现该信息,若用户的环境只有 eth0 网
卡,则不会出现该信息)

［INFO］Your ip address is xxx. xxx. xxx. xxx

［INFO］Press ENTER to continue or input a NEW ip address:(访问 Mind Studio 的
IP 地址,如果环境有 eth0 网卡,获取到了 eth0 网卡的 ip,用户可以按回车确认或者输入通
过 ifconfig 命令查询出的有效 ip,若有多张网卡,由用户自行选择)。

［INFO］Please input your ip address:(访问 Mind Studio 的 IP 地址,如果环境没有
eth0 网卡,未获取到 eth0 网卡的 ip,用户必须输入通过 ifconfig 命令查询出的有效 ip)。

如果环境没有 eth0 网卡,未获取到 eth0 网卡的 ip,用户直接按回车会提示如下错误提
示信息:

［ERROR］Invalid ip address:, please input again:

此时用户输入通过 ifconfig 命令查询出的有效 ip,再按回车即可。

◇ 是否需要备份 tools 安装目录:

(用户安装目录不为空才会出现该信息,如果安装目录为空,则不出现该提示)

［INFO］/home/username/tools is not empty. Files in the directory will be cleared
during installation. Are you sure to back up them? ［Y/N］:(输入 Y/y 回车退出安装,由
用户先备份安装目录,再重新执行/. install. sh 脚本进行安装;输入 N/n 回车删除/home/
username/tools 下的内容,继续安装 Mind Studio)

用户备份完安装目录后,需要重新执行1 加权,然后进行安装。

◇ 执行安装流程,完成安装。

若出现"Install successfully",则表明安装成功。

安装成功或安装失败,都会自动执行 del_sudo. sh 脚本,收回 Mind Studio 安装用户的
权限。若安装失败后,用户想重新执行安装脚本,则需要重新执行加权操作,然后安装。

如果安装失败,请在"～/tools/log/mind_log"目录中查看相应日志文件,根据错误提示解决。

如果提示 profiling 安装失败,请在"～/tools/log/profilerlog"目录中查看相应日志文件,根据错误提示解决。

4.4.3　验证安装结果

(1) 执行安装的流程

Mind Studio 安装会执行以下流程:

◇ 安装 mongodb 数据库。

◇ 安装 DDK。

◇ 安装 HiAI CCE Profiler 性能分析工具服务。

◇ 启动 Mind Studio 服务。

◇ 检测是否需要导入备份数据(backup 路径下的数据)。

◇ 安装 apache 服务和 PHP,并且启动 apache 服务。

到这一步,如果已经安装成功,就可以开始使用 Mind Studio。

(2) 安装成功检查

◇ 安装完成后通过 Chrome 浏览器访问如下网页地址,查看能否访问 Mind Studio 界面,能够访问成功说明 Mind Studio 工具安装成功,否则说明安装失败。

　　◆ https://IP:Port

◇ 通过 Chrome 浏览器访问如下网页地址,查看能否访问 Profiling 界面,能够访问成功说明问 Profiling 工具安装成功,否则说明安装失败。

　　◆ https://IP:Profiler_port

◇ IP 为 Mind Studio 安装服务器的 IP,Mind Studio 默认端口为 8888,Profiling 默认端口为 8099,如果 IP、Port 以及 Profiler_port 为映射之后的,则需填写映射之后的 IP 和端口信息,您可以在"～/tools/scripts/env.conf"文件中修改 IP 和端口信息。

◇ "～/tools"是默认的 toolpath 路径,该路径在安装 Mind Studio 前用户自定义,您可以在"scripts/env.conf"文件通过 toolpath 参数查看实际路径。

◇ 登录 Mind Studio 界面的用户名默认为"MindStudioAdmin",不支持修改和新建。初始密码为"Huawei123@"。

登录 Profiling 界面的用户名为 msvpadmin,初始密码为 Admin12♯$。

4.4.4　运行 Mind Studio 总体流程

Mind Studio 的 Engine 流程编排功能提供 AI 引擎可视化拖拽式编程及算法代码自动

生成技术,极大地降低了开发者的门槛。

业务开发人员通过拖拽图形化业务节点、连接业务节点、编辑业务节点属性的方式编排和运行业务流程,实现业务流程编排"0"编码。

在 Mind Studio 中进行业务编排的流程如图 4-64 所示。

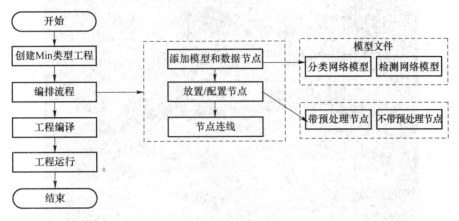

图 4-64 业务编排流程

流程描述如表 4-1 所示。

表 4-1 流程描述

流程	说明
工程编译	生成对应的源码与执行脚本
工程运行	执行编译后的脚本输出结果

(1)工程创建

在 Mind Studio 的菜单栏中选择"File→New→New Project"创建工程,例如创建 Mind 工程,在弹出的对话框中单击"Mind Engine Project"条目下的"Mind Project"并输入工程名称,然后单击"Create"创建工程,如图 4-65 所示。

(2)工程导入/导出

工程导入:

在 Mind Studio 的"File"菜单选择"Upload Project"弹出导入工程选择对话框,选择要导入工程的 zip 文件上传,上传成功后出现进度提示,如图 4-66 所示。

工程导出:

在 Mind Studio 的"File"菜单选择 Download Project,Project 会以 zip 压缩包的形式下载到本地用户 download 目录下,对于 Mind 工程中加入的自定义 dataset 和自定义 model,其中的数据也同样会随工程一起导出,保存在 zip 压缩包中的 MyDataset 和 MyModel 文件夹中(在重新导入该 zip 压缩包时,MyDataset 和 MyModel 中的数据也会被重新加载到对应的数据集和模型目录中)。

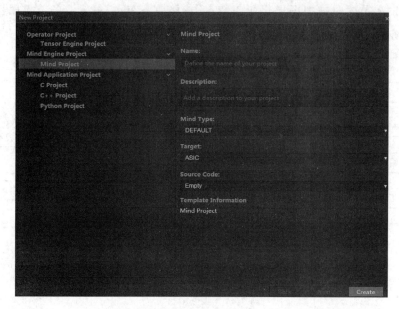

图 4-65　创建工程

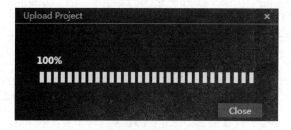

图 4-66　工程导入

(3) 新建/删除文件

新建文件:

在 Projects Explorer 视图中,单击鼠标右键选择"New"(或者在 File 菜单中选择 New),在弹出的子菜单中选择需要创建的文件类型,在打开的对话框中输入文件名(不需要输入文件类型对应的后缀名),如图 4-67 所示。

图 4-67　输入新建文件名

删除文件：

选中文件，鼠标右键，在弹出的菜单中单击"Delete"即可。

（4）文件/文件夹上传

文件上传：

从本地上传：在 Projects Explorer 视图中选中一个文件夹，依次单击"File→Add File→Add File(Client)"打开文件上传对话框，选择本地文件后上传。

从服务器上传：在 Projects Explorer 视图中选中一个文件夹，依次单击"File→Add File→Add File(Server)"打开文件上传对话框，选择文件后上传，上传成功后，在选中的文件夹中可以看到该文件。

文件夹上传：

在 Projects Exporer 视图中选中一个文件夹，依次单击"File→Add Folder"打开文件夹上传对话框，选择本地文件夹后上传，上传成功后如图 4-68 所示。

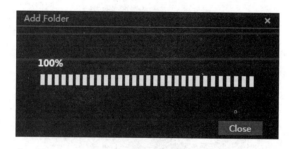

图 4-68　成功上传文件夹

如果工程中已经存在同名文件/文件夹，则会弹出对话框提示，如图 4-69 所示。

图 4-69　提示覆盖同名文件/文件夹

（5）数据集展示

双击 Mind Engine 类型工程中 . mind 文件进入 Engine 编排窗口。

右侧的 tool 界面中 Datasets 为数据集管理区域，分为 2 个子目录，如图 4-70 所示。

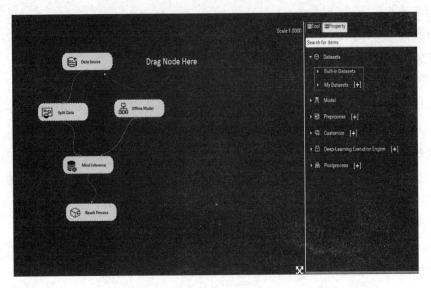

图 4-70　数据集管理区域

- Built-in Datasets：内置数据集。
- My Datasets：自定义数据集。

单击 ▶ 能展开该目录，看到目录具体内容，如图 4-71 所示。

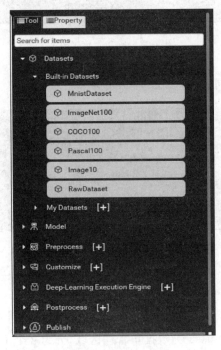

图 4-71　目录具体内容

（6）数据集导入

单击 My Datasets 右侧的 ➕，弹出"Import Dataset"数据集导入窗口，如图 4-72 和图 4-73 所示。

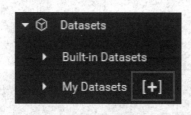

图 4-72　数据集导入 1

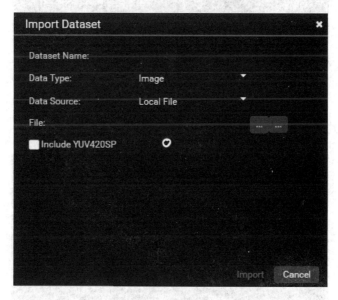

图 4-73　数据集导入 2

- Image 数据集导入

导入的图片中不包含 YUV420SP 格式的图片。

"Data Type"中选择 Image 类型。

"Dataset Name"中输入数据集的名称。

"Data Source"中选择数据集要导入的方式。

"File"中左侧的 ⬚ 表示数据集从 Web Client 本地导入，右侧 ⬚ 表示数据集从 Web Server 服务器端导入（从服务器的 $HOME 目录下选择，参数设置同本地导入方式）。如下说明都是基于数据集从本地导入。

当 Dataset Name 和 File 都已设置，且不包含 YUV420SP 格式的图片，import 按钮可用，单击"import"导入数据集，如图 4-74 所示。

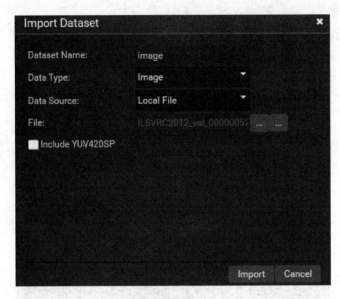

图 4-74　数据集导入 3

导入的图片中包含 YUV420SP 格式的图片，如图 4-75 所示。

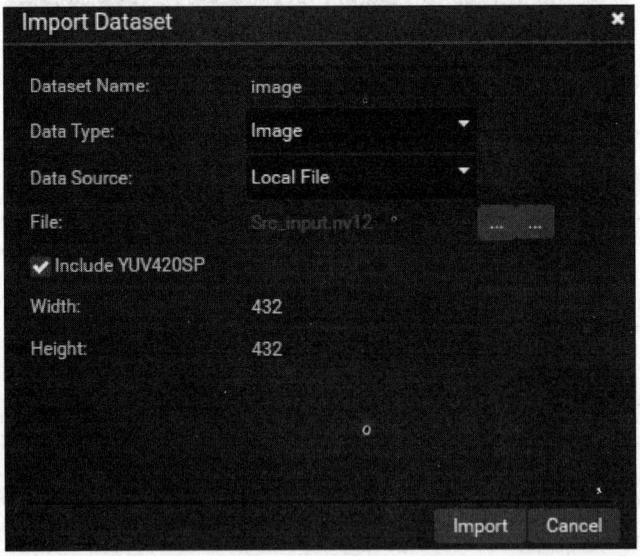

图 4-75　数据集导入 4

勾选 Include YUV420SP。

在"Width"和"Height"中分别输入图片的宽和高。

当"Dataset Name"和"File"都已设置，且包含 YUV420SP 格式的图片，并且宽和高都已经输入正确，Import 按钮可用，单击"Import"。

（7）生成 cpp 文件

Dataset 组件拖拽后会自动生成 .cpp、.h 文件，该 .cpp 或 .h 文件将会显示在左边目录下，以供用户全流程编排使用，如图 4-76 所示。

图 4-76　生成 cpp 文件

当一个数据集的图片过多，用户不想全部图片都运行，只想运行其中几张，右击 Dataset 组件，选择"Select Image"，如图 4-77 所示。

图 4-77　挑选图片

在弹出界面中挑选几张图片，勾选图片的右上角，单击"select"，如图 4-78 所示。

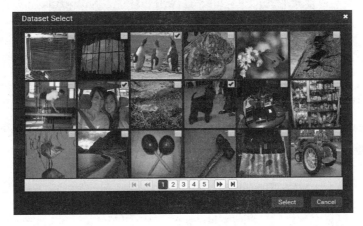

图 4-78　单击 select

该数据集的 Run Mode 属性就变为"Specified",表示仅运行选择的图片。

(8) 删除自定义数据集

右键单击 My Datasets 下的某个数据集,出现 Delete 按钮,单击"Delete",如图 4-79 所示。

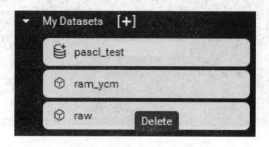

图 4-79　删除自定义数据集

在弹出页面中选择 Yes,如图 4-80 所示。

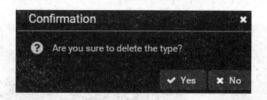

图 4-80　删除自定义数据集弹出页面

当出现以下窗口时,表示数据集删除成功,如图 4-81 所示。

图 4-81　删除自定义数据集成功

单击 ok,关闭该窗口。

查看 Datasets Explorer 区域,展开 my-datasets,点击█进行刷新,发现数据集 image 对应的目录已删除,如图 4-82 所示。

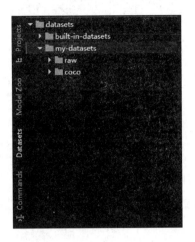

图 4-82　查看 Datasets Explorer

4.5　关于智能边缘计算平台在 IETM 中应用的思考

故障诊断算法越来越复杂，普通计算机难以在短时间内完成一次完整的故障诊断，因此一些相对复杂但有效的故障诊断算法无法在外场维修中得以应用。为解决上述问题，提高外场维修的效率，可以基于类似 Jetson TX2 和 Atlas Zoo 这类智能边缘计算平台，利用人工智能算法模型数据、无数据的存储、快捷加载及预计算技术，使较为复杂的故障诊断算法能够运行在普通外场 IETM PMA 硬件平台上，解决片上有限的计算能力和存储空间问题的同时提高故障诊断速度。如图 4-83 所示为某船舶燃油系统故障诊断外场应用。

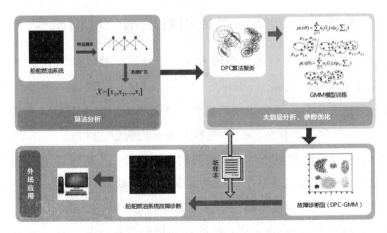

图 4-83　某船舶燃油系统故障诊断外场应用

同时可对通过外场 PMA 收集的数据进行大数据分析，进一步优化故障诊断模型的各项参数，进一步提高故障诊断正确率，提高外场的维修正确率。

143

第5章　IETM 智能交互技术

IETM 之所以能得到美国国防部和各国的重视,主要在于其强大的交互功能。本章重点从智能语音交互、目标检测交互以及增强现实和虚拟现实技术在 IETM 智能交互中的应用等方面进行介绍。

5.1　基于深度学习的 IETM 智能语音交互

为最大化发挥 IETM 在维修过程中的价值,就必须要解放维修人员的双手,实现 IETM 的语音控制。维修过程中的 IETM 语音交互是一个复杂的非连贯性的带状态的语音交互过程,其语音交互设计必须充分考虑外场噪音、维修步骤时长、人员交谈等各种因素,同时需要记录当前交互过程的各种状态。语音用户界面(Voice User Interface,简称 VUI)是最新的语音交互技术,它根据语音交互的特点,提出了语音交互过程中交互设计的一系列准则,能够指导设计人员完成符合人机交互要求的语音交互设计。符合 VUI 标准的 IETM 能够完全解放维修人员的双手,提高 IETM 在维修过程的效用。

5.1.1　基于循环神经网络的汉语语音识别全反馈模型

语音对于人来说是一种最自然的交流方式。语音识别技术的研究近年来取得了引人注目的成就。随着隐马尔可夫模型(Hidden Markov Model,HMM)在众多语音系统中广泛使用,它被普遍认为是目前语音识别领域最成功的模型。但是 HMM 模型也存在着一些自身的局限性,比如声学模型存在量化误差和模型参数假设;标准的最大似然(Maximum Likelihood,ML)训练算法使得声学模型的判别能力降低;一阶假设使得对延迟和协同发音很难模型化;独立性假设则忽略了帧间的相关性。这些局限性使得使用单一的 HMM 模型方法进一步提高性能变得很困难。这样人们开始寻求新的方法。

神经元网络(Neural Network,NN)是受动物神经系统启发,利用大量简单处理单元互联而构成复杂系统,以便用来解决一些复杂模式识别与行为控制问题。NN 中大量神经元并行分布运算的原理、高效的学习算法以及人的认知系统的模仿能力等都使它极适宜于解决类似语音识别这样的课题。于是人们开始把 NN 和 HMM 的方法结合在一起运用到语音识别中,即 NN HMM 混合模型。NN 的引入降低了概率上太强的假设,同时它的训练算法也是可判别的。

目前的 NN HMM 混合模型系统中,大多数使用的是多层感知器网。国内的 NN HMM 系统也主要以 MLP 为基础,有学者就提出了一种反馈的双 MLP 结构。20 世纪 90 年代初开始有人使用了循环神经元网络(Recurrent Neural Networks,RNN)来代替 MLP 进行音子概率估计。RNN 是一种既有前馈通路,又有反馈通路的神经元网络。反馈通路的引入,使得网络能够有效地处理时间序列的上下文信息,这对语音识别来说非常重要。本文提出了基于循环神经网络的汉语语音连续识别全反馈模型,采取引入初始层训练的方法提高了系统识别性能和系统稳定性,同时在网络训练算法中提出了采用样本分步训练、教师信号分段添加等方法,在提高训练速度和效率的同时,使得模型分类性能有明显提高。

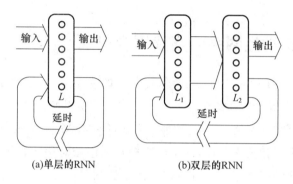

图 5-1 中(a)、(b)是一些 RNN 的例子。20 世纪 90 年代初期有人提出利用 RNN 进行语音音素识别。有学者提出了一种基于循环神经网络的汉语语音连续识别全反馈模型,并给出了基于 BPTT 训练算法的多种训练策略。在原网络模型基础上提出全反馈模型,并提出了初始层训练、教师信号分段添加训练、样本分步训练的学习方法,使得模型分类性能有明显提高。

RNN 网络的输出层一般分为直接输出和反馈两部分。考虑到连续语音信号的特点,它的每一位输出代表着一个识别单位发生概率的大小,有必要将所有这些信息传递到后续帧信号。因此,我们提出将所有输出全反馈的模型,如图 5-2 所示,实验结果证明此模型优于部分反馈模型。

经过实验证明,这种模型可以达到传统的统计模型的识别效果,但计算量大大低于标准 HMM 模型的方法。所采取的初始层训练、样本分步训练、教师信号分段添加等训练策略都能够在提高训练速度和效率的同时,使得模型分类性能有明显提高。本研究证明实现神经网络识别模型的实际应用是可能的。使用循环神经网络的语音识别方法有进一步发展的潜力。为了提高系统的性能,减少音节重复识别行错误,需要进一步研究网络模型输出的设置。同时,使用更加复杂精确的教师信号,比如利用训练好的 HMM 模型的参数作为教师信号,可能会有更好的效果。总之,基于循环神经网络的汉语语音识别模型有良好的效果,并且有希望进一步提高,成为自然发音的语音识别的新途径。

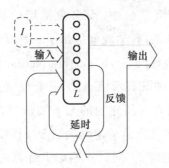

图 5-2　全反馈的 RNN 网络结构

5.1.2　基于卷积神经网络的连续语音识别

由于卷积神经网络在计算机视觉、图像处理中的成功应用,近年来研究者们开始将其应用到语音识别领域。2012 年,多伦多大学初步建立了卷积神经网络用于语音识别的模型结构,并取得相对深层神经网络 10% 的性能提升。随后 IBM 和 Microsoft 也都与多伦多大学合作在 2013 年发表了相关文章,验证了卷积神经网络相对深层神经网络建模的有效性。在语音识别中,卷积神经网络相比于目前广泛使用的深层神经网络,能在保证性能的同时,大大压缩模型的尺寸。中科院语言声学与内容理解重点实验室的张晴晴等深入分析了卷积神经网络中卷积层和聚合层的不同结构对识别性能的影响情况,并与目前广泛使用的深层神经网络模型进行了对比。在标准语音识别库 TIMIT 以及大词表非特定人电话自然口语对话数据库上的实验结果证明,相比传统深层神经网络模型,卷积神经网络明显降低模型规模的同时,识别性能更好,且泛化能力更强。与深层神经网络相比,卷积神经网络的关键在于引入了卷积和聚合的概念。卷积神经网络通过卷积实现对语音特征局部信息的抽取,再通过聚合加强模型对特征变化的适应性。卷积神经网络能够在保证识别性能的同时,大幅度降低模型的复杂度。同时,卷积神经网络也具有更合理的物理意义,由此降低对前段语音特征提取的依赖。本研究在标准英文连续语音识别库 TIMIT 以及汉语电话自然口语对话数据集上面进行了实验,对卷积神经网络的输入特征、卷积器尺寸和个数、计算量和模型规模等做了详细的对比实验。同时,由于卷积神经网络的权值共享,使得模型复杂度大大降低。在多个标准库上的实验证明,在计算量比深层神经网络更少的条件下,卷积神经网络的识别性能更优,泛化能力更强。

5.1.3　循环神经网络在语音识别模型中的训练加速方法

循环神经网络(RNN)基于传统神经网络,在隐藏层之间增加了反馈连接。由于其反馈机制,RNN 具有记忆过去状态的能力,因此在处理具有时间相关性的序列数据中有良好表现。理论上,RNN 能够在任意长的网络间传递信息,但是当涉及长时任务时,如对包含 1000 帧语音数据进行解码,其反馈能力会大大降低。为了增强记忆能力,长短时记忆模型(LSTM)和门控循环单元(GRU)网络应运而生,两种改进的循环神经网络结构添加门控机制,增强存储信息的能力,并成功地避免了梯度消失问题。目前,基于循环神经网络的大多数模型均使用 LSTM 或 GRU 进行构建。如今,自动语音识别(ASR)模型使用 RNN(LSTM 或 GRU)作为基本单元,通过对当前训练帧引入反馈机制,极大提高了训练的精确率。与其他神经网络相同,有效地增加模型层数将会获得更高的准确性,但同时将需要更多的计算时间和存储空间。与卷积神经网络和全连接网络(FCN)相比,循环神经网络不仅包含垂直方向上的深度信息,还包含水平方向的时间信息。当涉及序列学习任务时,对于长度不同的输入序列,使用 RNN 进行训练时,模型的水平方向长度将会变化。通常,神经网络以批处理方式进行训练,以达到更高计算效率。当同时训练多个序列时,较短的序列将在末尾填零补齐,从而使同一组训练数据具有相同长度。显然,填补零将带来额外计算开销,同时每一批不同长度的序列将使用不同大小的模型进行训练。由于存储限制,应该考虑如何选取合适的模型数量及大小进行存储。

截断反向传播时间(BPTT)是一种将输入样本进行分段训练的方法,能够有效减少训练模型大小,但截断将会导致梯度信息丢失并影响性能。同时,对于训练较大模型,陈天奇团队提出了一种减少内存消耗的系统化方法,已被证明在卷积神经网络和固定长度的循环神经网络模型训练中有效。谷歌提出了一种前后向折中计算的方式来训练循环神经网络,解决了内存紧张时大规模模型训练的问题。这两个方法均在理论上以牺牲计算时间在有限存储下进行训练,未表现出加速性能。中国科技大学的冯诗影等人提出一种更合理的方法来训练语音模型中的循环神经网络,通过高效的序列分组和显存优化方法,来提升对输入序列的长度有显著变化的模型训练速度。实验主要基于语音识别模型进行评估,在相同的显存下,基于 NVIDIA Tesla M40 GPU 实现了 1.7 倍的加速。实验证明,该方法对于较长序列的循环神经网络效果更好。此外,随着每批训练样本数的增加,可以提高学习率来加速收敛。

5.2　基于深度学习的 IETM 智能目标检测交互

目标检测技术在装备维修使用过程中有着极大的作用。在维修前,通过检测当前维修设备,IETM 能够直接跳转到相应的维修程序,降低维修准备时间;在维修过程中,通过目标检测技术,IETM 能够指导用户使用正确的维修工具、备件、耗材等,提高维修正确率。通过集成 Faster RCNN、YOLO、SSD、SIFT 等物体识别算法,结合 RFID、二维码等常用识别技术能够极大提高 IETM 的维修指导意义,降低维修过程出错的概率。

目标检测（objection detection），就是要在图片中对目标进行定位，并且标注出物体的类别，所以相比分类任务，检测多了一步定位。

除了本身的思路之外，还有许多因素影响算法的速度和精度，比如：

◇ 特征提取网络；

◇ 输出的步长，越大分类数目越多，相应的速度也会受影响；

◇ IOU 的评判方式；

◇ nms 的阈值；

◇ 困难样本挖掘的比率；

◇ 生成的 proposal 的数目；

◇ 数据增广方法；

◇ 用哪个特征层来做检测；

◇ 定位误差函数的实现方法；

◇ 不同的框架；

◇ 训练时候的不同设置参数；

为了对比不同的算法，也可以直接对论文结果评测，从而比较不同方法的速度差异。

Mask R-CNN 是继承于 Faster R-CNN（2016）的，Mask R-CNN 只是在 Faster R-CNN 上面加了一个 Mask Prediction Branch（Mask 预测分支），并且改良了 ROI Pooling，提出了 ROI Align。从统计数据来看，"Faster R-CNN"在 Mask R-CNN 论文的前三章中出现了二十余次，因此，如果不了解 Ross Girshick 和何凯明之前的工作，是很难弄懂 Mask R-CNN 的。所以。

我们按照发展顺序进行介绍。

5.2.1 R-CNN

R-CNN 做目标检测的基本原理包括四个方面：区域划分、特征提取、区域分类、边框回归。

（1）区域划分：采用 selective search 方法对输入图像提取大约 2000 个候选框 region proposals，送入 CNN。

（2）特征提取：对每个候选框进行 CNN 特征提取。利用一个大的卷积神经网络，对每个 region 都提取一个固定长度的特征矩阵。这里使用 imagenet 上训练好的模型，但是在计算每个 region 的特征之前，featuremap 的维度固定，需要将每个 region 转换成符合 CNN 输入的尺寸。

（3）区域分类：从头训练一个 SVM 分类器，对 CNN 出来的特征向量进行分类。对上一步提取出来的每一个类别下的特征矩阵，都会用相应类别的 SVM 对其进行打分，然后对于一个图像中所有打过分的 region,都会利用 greedy non-maximum suppression,主要是去除冗余的 region,保留最好的那一个。

(4) 边框回归:使用线性回归,对边框坐标进行精修。加入 bounding box regression 可以提高定位的准确性。

对于 R-CNN 的贡献,主要可以分为两个方面:

(1) 使用了卷积神经网络进行特征提取。

(2) 使用 bounding box regression 进行目标包围框的修正。

缺点:R-CNN 需要训练一个 CNN,然后训练 SVMs,最后要做一个 regression,是一个 multi-stage pipeline。ss 算法(selective search)太耗时,对一帧图像,需要花费 2s。每张图片都分成 2k,并全部送入 CNN,计算量很大。其次,对于每个 region proposal,都要传到 CNN 中做卷积运算,生成特征图像,得到相应的特征矩阵。考虑到这么多 region proposal 有很多重叠的部分,也就意味着对每个 region proposal 提取特征的时候,会有很多重复计算,这就导致了训练速度特别慢,且空间消耗也很大。对每个 ROI 都用网络提取 feature map,都需要使用 AlexNet 方法提取特征。模块是分别训练的,并且在训练的时候,对于存储空间的消耗很大。

5.2.2　YOLO

基本原理:

YOLO 属于回归系列的目标检测方法,与滑窗和后续区域划分的检测方法不同,它把检测任务当作一个 regression 问题来处理,使用一个神经网络,直接从一整张图像来预测出 bounding box 的坐标、box 中包含物体的置信度和物体所属类别概率,可以实现端到端的检测性能优化。输入一张图像,跑到网络的末端得到 $7 \times 7 \times 30$ 的三维矩阵,这里虽然没有计算 IOU,但是由训练好的权重已经直接计算出了 bounding box 的 confidence。然后再跟预测的类别概率相乘就得到每个 bounding box 属于哪一类的概率。

YOLO 缺点:

(1) 对小目标和密集型目标检测的效果差。

(2) YOLO 的物体检测精度低于其他 state-of-the-art 的物体检测系统。

(3) YOLO 容易产生物体的定位错误。

YOLO 优点:

(1) YOLO 检测物体非常快。

(2) YOLO 可以很好地避免背景错误,产生 false positives(可以看到全局图像,有上下文信息)。

5.2.3 Fast R-CNN

基本原理：

针对 R-CNN 训练速度慢，以及训练分为多步的缺点，Fast R-CNN 做出了改进，主要包括：采用了一个多任务误差，一步就能训练完整个网络，极大的极高了训练速度，同时还有实验证明利用多任务误差低于多个分开训练的误差，提高了检测的正确率。Fast R-CNN 依旧使用了 selective search 算法对原始图片进行候选区域划分，得到 2k 个左右的大小长宽比不一的候选区域。但输入为整张图像以及一组 region proposals，先把一幅图像传入 CNN，得到 feature map，然后将每个 region proposal 映射到 feature map 的位置，得到它们的 feature map，相当于对一张图片只做一次特征提取，计算量明显降低。再传到后面的全连接层，最后得到两个输出：一是 softmax 的输出，用于预测 region proposal 的类别（总共 K 个类别加一个背景），还有一个输出为四个实数（x,y,w,h），用于确定 region proposal 的 bounding box，分别为 box 的中心坐标和宽度高度。这里需要提到的是，将每个 region proposal 的特征图输入全连接层之前，需要经过 RoI pooling layer 转换成一个固定长度的特征矩阵，即使用 RoI pooling 将这些候选区域 resize 到统一尺寸，之前 R-CNN 中用的是 'wrap'，可能会使得图像变得失真。RoI pooling layer 的做法是将每个 region 都分成 H * W 块（H 和 W 是这个层的超参数，与 region 无关），然后对每个块都做最大池化，最终会得到 H * W 的特征图。在最终的检测过程，需要处理的 region 数量非常庞大，导致了检测速度较慢，Fast R-CNN 采用了截断的奇异值分解方法，主要就是将全连接层 u * v 权重矩阵 W 进行奇异值分解，利用奇异值分解结果就能压缩网络。

优点：

（1）除了 selective search，其他部分都可以合在一起训练。取代 R-CNN 的串行特征提取方式，直接采用一个神经网络对全图进行特征提取（这也是为什么需要 RoI Pooling 的原因）。取代 RCNN 串行的特征提取方式，一个 CNN 提取全图的特征。除了 selective search 之外其他的步骤可以合在一起训练。将边框回归融入卷积网络中，相当于 CNN 网络出来后，接上两个并行的全连接网络，一个用于分类，一个用于边框回归，变成多任务卷积网络训练。这一改进，相当于除了 selective search 外，剩余的属于端到端，网络一起训练可以更好地使对于分类和回归有利的特征被保留下来。

（2）分类器从 SVM 改为 softmax，回归使用平滑 L1 损失。

缺点：

体现在耗时的 selective search 还是依旧存在。因为有 selective search，所以还是太慢了，一张图片 inference 需要 3s 左右，其中 2s 多耗费在 ss 上，且整个网络不是端到端。

5.2.4　Faster R-CNN

基本原理：

忽略花在 region proposals 上的时间的话，Fast R-CNN 用很深的网络几乎达到了实时的性能。简单概括来说，Faster R-CNN 就是由 RPN＋Fast R-CNN 组成的。其中 RPN 用来生成 proposals，然后传到 Fast R-CNN 中用于检测。RPN 和 Fast R-CNN 还能共享一部分卷积层。RPN 的输入为一幅任意尺寸的图像，然后输出一系列矩形的目标 proposals，每个 proposals 还带一个目标分数。

取代 selective search，直接通过一个 Region Proposal Network（RPN）生成待检测区域，这么做，在生成 RoI 区域的时候，时间也就从 2s 缩减到了 10ms。首先使用共享的卷积层为全图提取特征，然后将得到的 feature maps 送入 RPN，RPN 生成待检测框（指定 RoI 的位置）并对 RoI 的包围框进行第一次修正。之后就是 Fast R-CNN 的架构了，RoI Pooling Layer 根据 RPN 的输出在 feature map 上面选取每个 RoI 对应的特征，并将维度置为定值。最后，使用全连接层（FC Layer）对框进行分类，并且进行目标包围框的第二次修正。尤其注意的是，Faster R-CNN 真正实现了端到端的训练（end-to-end training）。Faster R-CNN 的结构主要分为三大部分，第一部分是共享的卷积层-backbone，第二部分是候选区域生成网络-RPN，第三部分是对候选区域进行分类的网络-classifier。其中，RPN 与 classifier 部分均对目标框有修正。classifier 部分是原原本本继承的 Fast R-CNN 结构。

基本过程如下：

（1）加载预训练模型，训练 RPN，RPN 层生成待测框 ROI，类似注意力机制的作用；

（2）训练 fast-rcnn，使用的候选区域是 RPN 的输出结果，然后进行后续的 bb 的回归和分类；

（3）再训练 RPN，但固定网络公共的参数，只更新 RPN 自己的参数；

（4）根据 RPN，对 fast-rcnn 进行微调训练。

创新点：

RPN（region proposal networks）属于滑动窗的算法，用于替代之前的 selective search，生成待测框 ROI，RPN 通过生成锚点，以每个锚点为中心，画出 9 个不同长宽比的框，作为候选区域，然后对这些候选区域进行初步判断和筛选，看里面是否包含物体，若没有就删除，这减少了不必要的计算。使用神经网络自动生成的候选区域对结果更有利，比 ss 算法好；过滤了一些无效候选区，减少了冗余计算，提升了速度。有效的候选区域（置信度排序后选取大概前 300 个左右）进行 RoI pooling 后送入分类和边框回归网络。

还可以在 GPU 上运算来提高速度，在不同的大小，不同的尺度，不同的比例下可有效地进行 region proposal，支持反向传播和 GPU 运算，并能够和 Fast R-CNN 结合起来运算。

5.2.5 SSD

SSD 是使用回归的方法直接预测 bounding box 和分类,没有使用候选区域。

(1) 对其中 5 个不同的卷积层的输出分别用两个 3×3 的卷积核进行卷积,一个输出分类用的 confidence,每个 default box 生成 21 个 confidence(这是针对 VOC 数据集包含 20 个 object 类别而言的)。一个输出回归用的 localization,每个 default box 生成 4 个坐标值 (x,y,w,h)。

(2) 每个 feature map 中 default box 的来源是由 prior box 通过计算产生的,包括 default box 的长宽比。对于每个 feature map cell 都使用多种横纵比的 default boxes,所以算法对于不同横纵比的 object 的检测都有效。上述 5 个 feature map 中每一层的 default box 的数量是给定的(5 个层总和是 8732 个),对 default boxes 的使用来自于多个层次的 feature map,而不是单层,所以能提取到更多完整的信息。最后将前面三个计算结果分别合并然后传给 loss 层。这些 bounding boxes 是在不同层次(layers)上的 feature maps 上生成的,并且有着不同的 aspect ratio。需要计算出每一个 default box 中的物体其属于每个类别的可能性,即 score。如对于一个数据集,总共有 20 类,则需要得出每一个 bounding box 中物体属于这 20 个类别的每一种的可能性。同时,要对这些 bounding boxes 的 shape 进行微调,以使得其符合物体的外接矩形。

优点:

(1) 检测速度很快;

(2) 检测准确率比 faster-rcnn 和 yolo 高。

缺点:

作者提到该算法对于小的 object 的 detection 比大的 object 要差,还达不到 Faster R-CNN 的水准。原因在于这些小的 object 在网络的顶层所占的信息量太少,另外较低层级的特征非线性程度不够。SSD 模型对 bounding box 的 size 非常的敏感。也就是说,SSD 对小物体目标较为敏感,在检测小物体目标上表现较差。其实这也算情理之中,因为对于小目标而言,经过多层卷积之后,就没剩多少信息了。虽然提高输入图像的 size 可以提高对小目标的检测效果,但是对于小目标检测问题,还是有很多提升空间的,同时,积极地看,SSD 对大目标检测效果非常好,SSD 对小目标检测效果不好,但也比 YOLO 要好。

5.2.6 Mask R-CNN

Mask R-CNN 主要是基于 Faster R-CNN,在 ROI 操作之后增加了一个分支,使用 FCN 进行语义分割操作,其网络主体有 3 个分支,分别对应于 3 个不同的任务:分类、边界框回归和实例分割。值得注意的是,Mask R-CNN 的最大贡献在于,仅仅使用简单、基础的网络设计,不需要多么复杂的训练优化过程及参数设置,就能够实现当前最佳的实例分割效果,并有很高的运行效率。在 Faster R-CNN 的基础上,Mask R-CNN 实现了实例分割 (instance segmentation)的功能,就是输出多了一个 mask prediction 的分支。Mask R-CNN 中提出了 RoIAlign,每个采样点的值通过特征图中附近网格点来双线性插值得到,这里就没有因 quantization 操作而产生误差。主要技术要点如下:

(1) 在 ROI 操作之后,除了接全连接的分类和边框回归之外,额外引出一个分支,用 FCN 进行语义分割,所以最终模型的 loss 来自于三个部分,分别是:分类 loss、回归 loss 和分割 loss。

(2) 引入 RoIAlign,替代原来的 RoI pooling,RoI pooling 是在 fast-rcnn 里提出的,用于对大小不同的候选框进行 resize 之后送入后面的全连接层分类和回归,但 RoI pooling 计算时存在近似/量化,即对浮点结果的像素直接近似为整数,这对于分类来说影响不大(平移不变性)。但新引入的 Mask 分割来说,影响很大,造成结果不准确,所以引入了 RoI Align,对浮点的像素,使用其周围 4 个像素点进行双线性插值,得到该浮点像素的估计值,这样使结果更加准确。

关于 Mask R-CNN,我们认为该模型的以下特点尤其应该得到关注:

(1) 可继承工作的充分体现。大家看到 Mask R-CNN 的结构相当复杂,实际上是继承了大量之前的工作。首先 bounding box regression 在 2014 年的 R-CNN 中就出现过。Mask R-CNN 的主要创新点 RoI Align 改良于 RoI Pooling,而 RoI Pooling 是在 2015 年的 Fast R-CNN 中提出的。对于 RPN 的应用,更是直接继承了 2016 年的 Faster R-CNN。值得一提的是,上述的每一篇文章,都是颠覆目标检测领域计算架构的杰出作品。

(2) 集成的工作。还是那句老话,2017~2018 年,随着深度学习的高速发展,单任务模型已经逐渐被抛弃。取而代之的是更集成,更综合,更强大的多任务模型。Mask R-CNN 就是其中的代表。

(3) 引领潮流。再次向何凯明和 Ross Girshick 致敬,他们的实力引领了目标检测领域的发展,因此无论他们在哪,无论是在微软还是 FaceBook,他们的 idea 和作品都被非常多的人应用或者继承。

5.2.7　各种检测模型的对比分析

如果抛开最新的 Mask R-CNN 不谈(该算法是目前所有检测算法综合性能表现最好的),Faster R-CNN 的准确度更加精确,而 YOLO 和 SSD 的一体化的方法速度更快。

特征抽取网络不通,最终的结果也不同。简单来说,一个更加复杂的特征抽取网络可以大大的提高 Faster R-CNN 和 RFCN 的精确度,但是对于 SSD,更好的特征抽取网络对结果影响不大,所以 SSD+MobileNet 也不会太大的影响结果。

对于大物体,SSD即使使用一个较弱的特征抽取器也可以获取较好的精确度。但在小物体上SSD的表现结果非常不好。

不同的Proposal数目会影响检测器的速度和精度。这个很重要,很多人想加速Faster R-CNN,但是不知道从何下手,显然这里是一个很好的切入点。将Proposal的数目从300削减到50,速度可以提高3倍,但是精度仅仅降低4%,可以说非常值了。

最终我们可以得到如下结论(暂且不让Mask R-CNN参与对比,主要是我们目前还未看到关于该算法与其他算法的系统比较案例):

(1) 最高精度

使用Faster R-CNN毫无疑问,使用Inception ResNet作为特征抽取网络,但是速度是一张图片1s;还有一种方法是一种叫作集成的动态选择模型的方法。

(2) 最快

SSD+MobileNet是速度最快的,但是小目标检测效果差。

(3) 平衡

如果既要保证精度又要保持速度,采用Faster R-CNN将proposla的数目减少到50,同时还能够达到RFCN和SSD的速度,但mAP更优。

5.3　增强现实和虚拟现实在IETM智能交互中的应用

5.3.1　增强现实在IETM智能交互中的应用

基于增强现实(AR)的IETM阅读组件能够利用AR穿戴设备集成的各类型感应器,完成语音、手势、凝视等多种交互模式,使维修人员解放双手,提升维修效率,能够利用AR穿戴设备识别二维码等装备特征标识自动识别维修对象,无须手动查询维修对象相关信息去辅助故障定位与排故引导。同时,基于AR技术,阅读组件能够将数字技术资料内容投放到维修人员眼前,使维修人员能够在专注与维修操作的同时便捷地查看维修对象的相关资料。通过AR IETM阅读器组件能够提高维修过程的连贯性及提升维修效率。该系统提供与用户的交互界面,用户可通过界面导入三维模型,进行三维空间操作和培训,提供unity显示交互开发接口,三维部组件可运行在unity系统中,输出内容可显示在平板及增强现实头盔中。通过三维模型渲染引擎进行三维模型的刷新和显示,该引擎用于显示、渲染三维模型,包括三维模型、三维模型材质、三维场景的光源、模型的选择显示等。设计流程如图5-3所示。

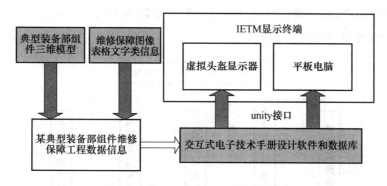

图 5-3　基于 AR 的 IETM 智能交互

典型装备部组件的各类维修保障数据,包括三维模型、表格、图像、文字等信息,由手册设计人员通过 IETM 软件导入并编辑,进行手册目录、页面信息以及模型关联组织等手册设计工作,并保存手册设计工程文件和公共源数据库中。该数据可以和基于增强现实的维修系统有机集成,IETM 将维修信息以信息增强的方式实时显示在维修保障人员的虚拟头盔显示器中,实现 IETM 信息沉浸式显示,部组件交互操作自然化。

5.3.2　虚拟现实在 IETM 智能交互中的应用

下面介绍一种面向 IETM 的虚拟维修训练系统。通过该系统,维修训练人员可以在逼真的环境中模拟执行复杂的维修训练任务,从而有效提高训练效果,降低训练成本,缩短训练周期。另外,装备维修训练知识多属于业务人员在实践中积累的经验性知识,虽然有些业务知识经过显性化形成各种法规制度、条令条例、文件、手册等,但是更多的业务知识是隐性知识,存在于业务人员、相关专家的头脑中,存在于具体的业务过程中。同时,比如人员的流动性强,大量的个人经验、体会等知识没能有效传递,可能造成众多宝贵的知识资源流失。因此,有必要对装备维修训练业务知识进行有效的管理,在适当的时候,提供给需要的人,实现业务知识的交流与共享。基于以上考虑,该案例将 IETM 技术结合虚拟维修和知识管理技术,提出一种基于 IETM 的装备虚拟维修训练系统框架,其功能和结构如下。

(1) 系统架构

该系统能够实现以下辅助维修训练功能:

◇　能按照装备层次结构描述装备的结构及技术原理;

◇　按照维修规程指导维修训练作业过程;

◇　能按照装备维修训练大纲与要求,制定课程培训计划;

◇　实施交互式维修训练或远程维修训练;

◇　跟踪学员的学习情况和进行在线交流;

◇　实时地进行维修训练总结与考核评估等;

◇ 与支持 SCORM 标准的外部装备训练系统互联、互操作。

该系统的框架结构如图 5-4 所示。

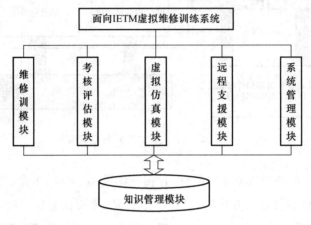

图 5-4　系统框架结构

具体而言,包括以下模块:

(a) 维修训练模块

可采用多种模式开展维修训练,比如系统示范观摩、自主体验练习、交互式训练等,还可提供维修对象展示、进行典型故障设置、训练内容和策略调整,帮助不同水平的参训者更好地学习。

(b) 考核评估模块

该模块根据知识管理模块中保存的系列典型故障维修操作流程链表,实现对整个维修训练过程的操作轨迹记录、识别、匹配、计时、记录、回放等,给出考核成绩和指导建议。

(c) 虚拟仿真模块

在确定装备总体后,通过 3D 创作工具(如 Cult3D、Virtools、X3D、VRML 等)建立装备 3D 数字模型,并根据分级式树状图层结构方式进行装配约束。本系统采用三维渲染引擎 OGRE 作为图形渲染引擎。OGRE 是以 C++语言开发的面相场景、功能强大、使用灵活的三维图形引擎,对底层 Direct3D 和 OpenG 系统库的渲染函数进行了封装,提供了更高层的基于现实世界对象的接口类。在 S1000D 中,3D 模型与音频、视频、动画一起作为多媒体元素对象,可以像插图和表格一样插入到数据模块,使得 3D 仿真与 IETM 进行无缝集成。多媒体元素的定义如表 5-1 所示:

表 5-1　多媒体元素定义

元素名称	含　义
multimedia	多媒体对象父元素
multimediaobject	多媒体对象元素,包含引用多媒体外部实体的类型属性

元素名称	含义
param	多媒体对象子元素,用于与外部实体传递参数,包括热区信息
titles	包含元素＜title＞和＜applic＞。Titles为多媒体对象的标题,Applic为多媒体对象的适用性
rfa	多媒体对象的更改原因

（d）远程支援模块

当在维修训练现场遇到无法解决的难题或在执行实际维修任务时遇到现场技术人员能力范围之外的故障时,可以通过本系统的远程支援模块,以在线讨论、远程视频会议等方式向远处的业内专家请求技术支援,专家可以根据传输过来的现场故障视频或图像及时给出建议,指导参训者完成维修或训练任务,大大节省训练费用。

（e）系统管理模块

系统管理作为虚拟维修训练系统的管理者,包括进行系统初始数据准备、环境设置、角色编辑、设置控制方式、接口管理、交互信息管理、系统安全管理等。

（f）知识管理模块

知识管理模块具有对知识库的规则进行增删改、编辑、推理、解释、检索浏览等功能,比如对维修过程中产生的维修级别、维修类型、故障特征、故障现象、维修策略等各种数据进行存储。通过对装备维修训练业务知识资源进行系统、有组织的管理,实现知识的共享、创新和增值,促进装备维修训练业务知识的获取、共享、创新与应用。

（2）关键技术及实现

（a）可共享内容对象模型

可共享内容对象模型（SCORM）是当前数字化培训的国际标准,其目的是建立一套教材重复使用与共享机制,使学习者无论在何时何地,均可及时获取所需的高品质学习资源,从而使训练费用大大降低。S1000D和SCORM的整合是技术发展的必然趋势,ASD和ADL（高级分布式学习组织）曾签署一份备忘录,承诺在S1000D的后续版本中,充分考虑SCORM的需求,是S1000D4.0版本中就新增了SCORM内容包模块等内容。

（b）交互式三维渲染引擎

虚拟仿真模块采用利用增强现实穿戴设备集成的各类型感应器,完成语音、手势、凝视等多种交互模式,使维修人员解放双手,提升维修效率,无须手动查询维修对象相关信息,辅助故障定位与排故引导,同时基于AR技术,阅读组件能够将数字技术资料内容投放到维修人员眼前,使维修人员能够在专注与维修操作的同时便捷地查看维修对象的相关资料。根据S1000D标准规定,3D模型可以与音频、视频等一起作为多媒体对象,像技术插图一样插入数据模块中,生成S1000D规范图形,从而与IETM进行标准化集成,显著增强IETM的维修支持和培训功能,利于技术人员快速获取和理解技术信息。

（c）基于插件的功能模块集成

本系统功能模块基于插件技术进行集成。所谓插件是指遵循一定规范的应用程序接口设计且定义良好的软件模块，只能运行在程序规定的系统平台下，而不能脱离指定的平台单独运行，在系统中协同完成复杂任务，具有良好的开放性、可定制性、可重用性以及扩展性。通过与存储在知识管理模块中的维修训练案例、机理分析、数据调用等进行信息流的传递，完成相关训练任务。

（d）基于物元分析的训练效果评估

本系统采用物元分析法进行训练效果的评估，其基本原理是将评估对象视为一个物元，根据各个特征（指标）的特性确立每个特征的理想状态，从而生成理想方案。通过比较各方案与理想方案之间的关联系数，得出各方案与理想方案之间的关联度，利用关联度排序即可对各个方案进行排序。

该系统将 IETM 技术结合虚拟维修、知识管理等技术用于装备训练，具有训练环境逼真、成本低、可扩展性强、交互性和互操作性好、标准统一等优势，具有很强的推广应用价值。

5.4 国内 IETM 交互功能不太理想的原因

目前，国内研制的 IETM 多数仅有简单的交互步骤，交互性功能不太理想，其原因主要包括以下两个方面：

一是缺少素材。各单位都非常重视装备的研制工作，而不太重视后期技术手册的编制，或者说没有统筹考虑，这是一个通病。其次，装备出现故障之后，大部分都是由研制单位去现场进行维修，这也使装备维修手册的编写工作不够理想，有关维修方面的内容编写得有些简单，不够深入，装备故障分析得不够透彻。另外，很多装备或设备都是新研产品，对于其可能出现的故障，出现了故障如何解决，研制人员也不知道，只有装备试用或使用一段时间之后才可知，这也使维修手册在编写时不可能太深入。

二是缺少能力。IETM 交互式诊断过程的开发有一定的难度。交互式诊断过程是一个人机对话的过程不，需要开发人员有这方面的编程经验，而国内从事 IETM 开发的人员相对来说欠缺这方面的能力和经验。

第6章　IETM 智能故障诊断技术

装备设计过程中通过六性分析能够发现绝大部分单故障,并给出具体的解决方案,IETM 能够将这些数据转换为可供外场维修人员使用的故障隔离或维修程序,为维修人员提供知识支撑。与单故障不同,多个故障的传播及其关联导致诊断逻辑更复杂,不确定性更高,同时 IETM 也不包含此类故障的隔离诊断信息,导致外场人员难以进行维修,返厂维修情况经常出现。

贝叶斯网络主要用于处理人工智能中的不确定性信息,已经形成了相对完整的推理算法和理论体系,特别是 Kathryn Blackmond Laskey 提出的多实体贝叶斯网络法(MEBN)更是贝叶斯网络推理技术的重要发展。MEBN 不但使普通贝叶斯网络具有一阶谓词逻辑表达能力,而且较好地结合了贝叶斯推理和一阶谓词逻辑的表示能力。另外,传统的基于知识和规则的态势元素描述方法容易造成态势知识之间的格式不统一,无法实现信息的交换、共享和重用。作为一种在语义和知识层面表现概念的建模方法,本体提供了一种规范化的信息表达方式,能够更有效地对知识进行操作。本体描述语言 OWL 是基于描述的逻辑,它不存在对不确定知识的表示机制,概率网络本体语言(PR-OWL)是一种基于多实体贝叶斯网络对 OWL 进行扩展的语言,非常适用于描述分布式网络环境下的战术意图识别概率本体模型,能够很好地弥补 OWL 的不足。

下面介绍几种典型的基于贝叶斯网络的故障诊断方法,这些方法均可以为 IETM 智能故障诊断提供手段支撑。

6.1　基于本体的机械故障诊断贝叶斯网络

湖南大学的秦大力等针对机械设备维护与故障诊断过程中的不确定性,提出了一种将本体语义表示与贝叶斯网络相结合的故障概率推理模型。从异构多源的维护诊断信息和非结构化的专家经验知识出发,建立语义知识模型并进行概率扩展。利用贝叶斯分类器实现异常工况识别,给出了基于最大可能解释的故障概率推理算法,从而根据运行工况、故障征兆和证据信息推理获得故障诊断解释。将本体语义描述的精确性和贝叶斯网络的概率推理能力相结合,既实现了诊断领域知识的形式化描述与共享,又能在一定程度上消除诊断过程的不确定性。主要过程如下:

机械设备预知维护与故障诊断是提高制造业运营管理水平和生产效率的有效手段。但由于对设备维护诊断机理的认识不充分,往往会产生大量不确定性因素,主要表现在:一、诊断知识的来源与结构各异,既有实时监测运行数据,也有根据经验得出的设备运行状态主观判断;二、故障的划分边界比较模糊,导致故障征兆定义以及诊断行为建模存在一定程度的模糊性与随意性;三、复杂动态诊断维护环境本身存在不可预知性,使得由故障征兆推断故障成因的反向推理成为一种不确定性的过程。如何减小上述不确定性因素的影响是机械设备维护与诊断过程中亟需研究解决的重要问题。

基于本体的智能诊断技术可以减小设备维护诊断过程中不确定性因素影响,其重要基础是维护诊断知识的表示。本体已广泛应用于制造领域中的产品生命周期管理、制造过程管理、产品知识集成等方面,而基于本体的制造过程语义模型通过对诊断行为、工况状态和维护决策等进行建模,实现了协同制造环境下的维护诊断知识共享。但这些应用忽略了本体自身逻辑推理的局限性,模型推理能力仅限于本体语义规则推理,很难进一步对故障原因做出恰当的推理解释。作为一种不确定性建模与推理工具,贝叶斯网络可以实现设备维护决策与故障机理分析过程中的诊断推理。本文将基于本体的维护诊断知识表示与 BNs 概率推理方法相结合,构建了基于本体的故障诊断贝叶斯网络。OntoDBN 对诊断语义模型进行概率扩展,实现了诊断贝叶斯网络的概率推理。针对故障知识、诊断证据以及维护诊断过程的不确定性,重点研究了设备工况状态识别与故障成因概率推理算法,根据算法产生的可能故障的概率解释,制订出相应的维修方案和决策。

6.1.1　OntoDBN 的体系结构

基于诊断知识表达、故障成因分析、因果关系推理等方面不确定性因素的分析,结合本体论与贝叶斯网络,本文提出以本体语义为基础的故障诊断贝叶斯网络模型,其体系结构如图 6-1 所示。图中本体语义模型包括状态层、征兆层、故障层和决策层,分别对应了从数据到智能的四个知识加工层次,涵盖了工况识别、特征提取、模式分类以及维护决策等基本诊断步骤所涉及的数据信息;BNs 推理引擎以概率形式逐步给出各个层次的诊断实体主观信度,构建出完整的故障诊断贝叶斯网络模型。此外,在保持诊断语义模型及其描述逻辑兼容性的前提下,OntoDBN 对本体模型中的关键概念及关系进行扩展,以支持后续的故障概率推理。

贝叶斯网络是由一些节点与有向边组成的有向无环图,其中,节点代表不同的随机变量或事件,有向边表示这些变量之间的直接因果关联或概率相关性。节点及其直接前驱的条件概率分布与前驱节点的先验概率组成了条件概率表。对维护诊断过程进行 BNs 建模时,利用随机变量表示维护诊断实体、状态或事件,如 Fi 表示某个机械部件发生故障的事件;再利用有向边来表示状态或事件之间的依赖关系。一旦获得了联合概率分布,就可以完成随机变量空间内任意变量的概率推理。OntoDBN 推理引擎主要利用贝叶斯分类器与概率推理进行故障分析,其中,异常状态识别区分出工况状态中的异常特征(即故障征兆),而故障模式识别是由故障征兆推理获得故障成因的概率解释。

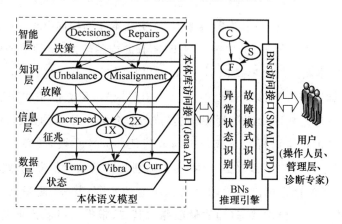

图 6-1　OntoDBN 的体系结构

OntoDBN 使用本体作为故障知识的表示形式,通过增加本体语义并添加概率信息,将带有概率信息的故障本体转换为贝叶斯网络,以贝叶斯网络作为底层推理机制,实现对故障诊断知识的不确定性推理研究。将本体语义描述和贝叶斯网络概率推理相结合,既实现了诊断领域知识的形式化描述与共享,又能在一定程度上消除诊断过程中不确定性因素的影响。

6.1.2　维护诊断本体建模

本体建模的首要任务是理清应用领域中的核心概念,并针对应用实体与行为构造出可扩展的语义模型(即核心本体)。核心本体是定义维护对象、诊断行为、实体关系及维护方法论的顶层本体,且独立于任何特定设备或应用。OntoDBN 核心本体包括设备域本体、过程域本体和诊断域本体。

(1) 设备域本体用于描述维护诊断对象实体的功能、结构和依存关系,依照类别、设备、部件、特征等四个层次对设备实体进行信息分解,Component 和 Characterization 为设备域本体的核心类。

(2) 过程域本体是维护过程的知识表示,包括维护行为、工况状态、过程步骤及测试方法等。过程域本体一方面要与设备域本体建立联系,另一方面还关联到后续的诊断分析与维护决策。

作为故障诊断和维护决策知识的语义描述,诊断域本体给出了设备动态性能的变化规律和故障征兆的识别方法。设备故障及其征兆是诊断域本体的核心概念。故障征兆本质上是设备运行状态的另一种表现形式,可划分为数值型征兆、语义型征兆和图形征兆三类。

6.1.3 维护诊断本体的概率扩展

为了实现故障的概率推理,需要对 OntoDBN 核心本体进行概率扩展,在本体实例中加入概率信息。在 OntoDBN 核心本体模型基础上,实现本体结构向 BNs 结构的转换,具体包括本体概念与 BNs 节点的转换、本体关系与 BNs 有向边的转换、属性值的转换以及建立合适的 CPT。诊断的本质是故障模式识别,因此可以从设备状态、故障征兆以及故障本身的相互关系出发,全面考虑维护诊断过程中涉及的相关因素,建立围绕状态、征兆、故障三者的 BNs 概率基本模型。故障诊断过程中,先要进行设备异常状态的识别,识别的结果表示为故障征兆;而设备的正常运行状态或数据与故障征兆同样重要,故障推理的过程可能会需要参考设备正常运行时的状态数据;故障模式识别则涉及故障征兆与故障成因的概率推理。因此,OntoDBN 断推理可以分为两个紧密相连的步骤:其一,使用贝叶斯决策方法从设备运行状态数据中找出异常状态(即故障征兆);其二,根据设备状态或特征值、故障征兆的概率推理出故障发生的概率。

6.1.4 OntoDBN 的概率推理

贝叶斯网络概率推理问题分为三类:后验概率、最大后验假设(MAP)和最大可能解释(MPE)。本文选取部分观测变量组成一个征兆集合,利用贝叶斯分类器进行工况异常状态识别,然后采用 MPE 方式通过概率推理计算出某种故障发生时相关的概率分布。

判定目标设备的正常与异常状态之后,就可以采用 MPE 推理方式进行故障概率分析,即根据已有证据找出所有可能的假设中后验概率最大的假设。

尽管 OntoDBN 对贝叶斯网络结构进行了简化,但精确推理过程依然是 NP-难问题。为了降低推理的复杂度,可以在每次推理循环中选择最有可能发生的故障(即故障信度值最大)加入故障假设子集,并删除该故障所对应的征兆。当故障征兆集为空时,就认为所有可能的故障都已加入故障假设子集中,此时退出推理循环并获得最大可能的故障解释。

OntoDBN 中的知识表示模型与概率推理算法相互关联且相对独立,在促进知识共享的同时提高了故障诊断推理效率。故障诊断概率推理过程还集成了专家的主观诊断经验,与设备运行状态证据相结合,共同完成基于概率的严格推理过程。某凉水塔风机的故障诊断实例分析表明,基于本体的故障诊断贝叶斯网络适用性较强,在一定程度上消解了故障诊断过程各种不确定性因素的影响。本节所介绍的精确推理算法计算复杂度高,当诊断网络结构复杂且连接稠密时难以满足工程应用要求,因此,采用近似推理算法与本体模型结合的方式展开诊断贝叶斯网络研究是今后需进一步研究的重要问题。

6.2 基于贝叶斯网络的柴油机润滑系统多故障诊断

为解决柴油机润滑系统多故障的解耦与诊断问题,哈尔滨工程大学的王金鑫等人提出一种基于贝叶斯网络模型的故障诊断方法。建立的润滑系统贝叶斯网络诊断模型包括利用有向无环图描述多故障耦合关系和采用概率形式表示故障诊断定量知识两个部分。按照故障类型将润滑系统故障诊断任务分解为各类故障的诊断子任务,对于各子任务,利用故障树模型分析故障与征兆及多故障间的耦合关系,并通过故障树向贝叶斯网络的转化建立润滑系统的贝叶斯网络模型结构。在定量参数方面,采用 noisy-OR/AND 模型分析故障与征兆间的因果关联强度,通过设定故障的先验发生概率描述润滑系统的历史运行状况。最后,通过两起"进机油压过低"故障实例验证所提出方法的有效性。

6.2.1 诊断任务的分解

图 6-2 是一种典型船用柴油机润滑系统管路示意图。柴油机起动前,滑油通过预供泵泵吸,对柴油机各运动部件实施预润滑;起动完成后,预供泵停止,滑油由机带泵输送。

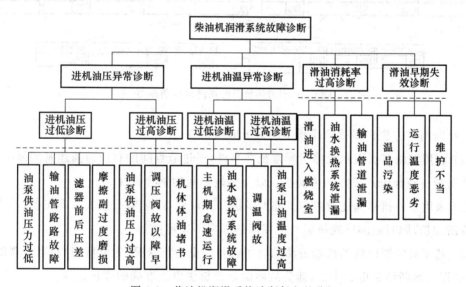

图 6-2 柴油机润滑系统诊断任务的分解

润滑系统结构复杂,故障形式多样。为降低故障诊断难度,本节首先依据故障类型,分解润滑系统故障诊断任务。整个润滑系统故障诊断任务被分解为进机油压异常诊断、进机油温异常诊断、滑油消耗率过高诊断和滑油早期失效诊断等四个子任务;进机油压、油温异常诊断又分为进机油压、油温过低诊断和进机油压、油温过高诊断两类。通过诊断任务的分解,将润滑系统复杂的故障诊断任务简化为对各类故障的诊断问题,继而根据分解结果,分别对各诊断子任务进行研究。

采用故障树方法分析润滑系统故障的传播机理及多故障间的耦合关系。以"进机油压过低"为例建立故障树模型。通过建立故障树模型，可以对润滑系统故障的传播机理和多故障间的耦合关系有一个清晰地认识。

6.2.2　贝叶斯网络诊断模型

图 6-3 为采用上述方法建立的润滑系统贝叶斯网络诊断模型结构。

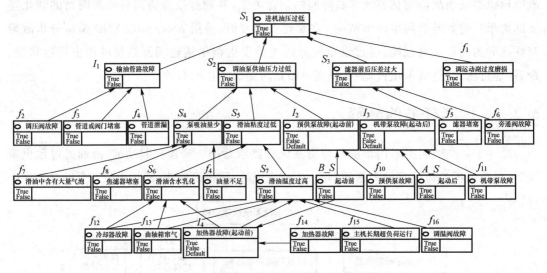

图 6-3　润滑系统贝叶斯网络诊断模型

贝叶斯网络方法在多故障诊断中的如下应用特点：

（1）利用网络节点表示故障与异常征兆事件，通过节点间的有向边描述其因果关系，从而能够清晰直观地表达故障的传播机理以及多故障间的耦合特性。

（2）采用条件概率描述故障与征兆间的因果关联强度，能够有效表达不完备、不确定的故障诊断知识，同时能够反映故障与征兆间的因果不确定性。

（3）基于贝叶斯网络的诊断方法综合了设备历史运行状况（先验概率）和当前观测信息（推理证据），诊断结果更为全面，能为故障的排查提供更加准确的理论指导。

6.3　基于时效性分析的动态贝叶斯网络故障诊断方法

王承远等人针对柴油机多源信息故障诊断中由传感器采集的不确定性信息造成的融合误差问题，从多源传感器信息时效性角度，提出一种基于信息时效性机会窗口的动态贝叶斯网络故障诊断方法。对不同传感器的采集时间、响应效率、运行工况等随时间发生变化的规律进行总结和归纳,形成基于当前设备特征的时效性表达方法,获取在非稳定状态下测量信息的偏离情况。根据偏离信息动态调节贝叶斯网络同级属性节点的先验概率,提高动态贝叶斯网络中时间片的依赖关系,减少不确定性信息对动态贝叶斯网络的影响,提高网络诊断准确率。

6.4 基于概率网络本体语言的故障诊断方法

本节提出一种基于概率网络本体语言的故障诊断方法。该方法利用多实体贝叶斯网络中模块化的 MEBN 实体片段(MFrag)来描述故障诊断中各要素的不确定性信息,在保证一致性约束条件的前提下合并 MFrag 形成 MEBN 理论(MTheory),在此基础上生成特定诊断信息贝叶斯网络(SSBN),并结合标准贝叶斯推理算法进行故障诊断不确定知识的推理。

6.4.1 概率本体模型构建

概率本体不仅包含了传统本体的实体概念、实体属性、关系、行为事件,还包括信息中的不确定知识。由于本体描述语言 OWL 在表示不确定信息时的局限性,所以本文选择 PR-OWL 描述故障诊断概率本体模型,PR-OWL 是在 OWL 的基础之上扩展出来的,不但具有不确定的网络本体表达能力和一阶谓词的表示能力,而且还具有贝叶斯网络的概率推理能力。

一个 PR-OWL 至少包含一个 MTheory 类,该类通过对象属性 hasMFrag 与一组 MFrag 相连。一个 MFrag 类通常由上下文节点、输入节点、固有节点三种类型的节点组成。其中,上下文节点表示该 MFrag 被应用时必须满足的条件概率分布,输入节点的概率分布值在父 MFrag 中定义,其概率分布可以影响该 MFrag 中其他节点的概率分布,固有节点的概率分布被定义成本地分布,表示片段内常驻节点的每个状态与其父节点取值之间的条件概率分布。一个 Node 类是一个随机变量,该变量具有相应的状态及其概率分布值。

该过程是一个循环建模过程,主要包括四个步骤:

(1)首先确定领域建模目标;

(2)分析确定实体类、实体属性、实体之间的关系及有关规则;

(3)用 PR-OWL 描述步骤二中分析和确定的要素,形成 PO 模型;

(4)验证 PO 模型,判断其能否满足所明确的目标。

采用斯坦福大学开发的本体编辑工具 Protege5.5.0 构建的故障诊断概率本体如图 6-4 所示,对应的类图如图 6-5 所示。

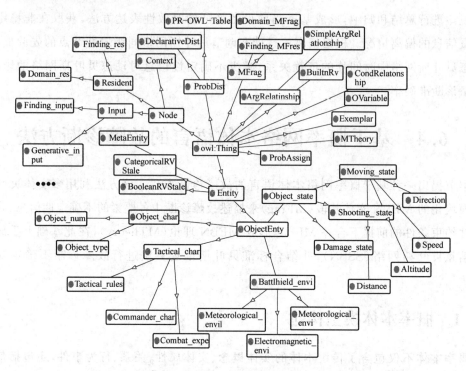

图 6-4　PR-OWL 描述的概率本体

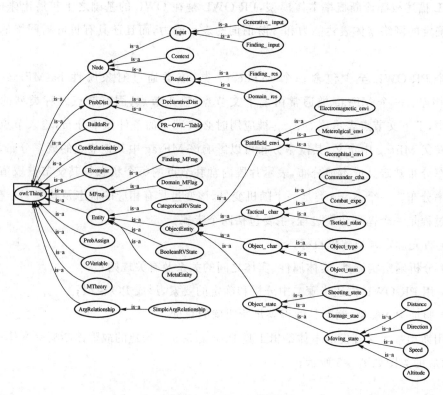

图 6-5　PR-OWL 类图

6.4.2 MTheory 生成

MEBN 法是贝叶斯网络推理技术的重要发展,采用一阶逻辑对贝叶斯网络进行扩展,大大提升了对不确定性问题的表达能力。接下来,在上述构建的概率本体模型的基础上,构建故障诊断贝叶斯网络 SSBN,最后采用标准的贝叶斯推理算法进行推理。

在通过传感器对现场进行感知并获取相关信息后,根据某时间段对应的具体现场故障信息实例化随机变量,构建 MFrag 并进行一致性约束检验,合并生成 MTheory,具体过程如下:

(1) 构建节点及其有向边,形成 MEBN 实体片断 MFrag;

(2) 定义 MFrag 中随机变量的概率分布;

(3) 进行一致性约束检验;

(4) 将 MFrag 合并生成 MTheory。

具体建模流程如图 6-6 所示。

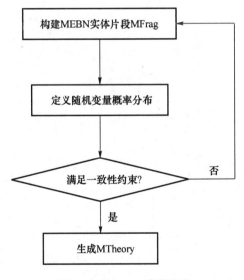

图 6-6 Mtheory 建模流程

6.4.3 构建特定态势贝叶斯网络(SSBN)并推理

SSBN 实际上也是一个普通贝叶斯网络,根据生成的 SSBN 采用标准的贝叶斯推理算法进行推理。本文使用联结树推理算法。

本文借鉴 S. Mahoney 的自底向上的构建方法生成 SSBN,具体步骤如下:

给定查询

$$Q = P(T(\alpha) \mid C(\beta) = c(\beta)), E(\gamma) = e(\gamma)$$

（1）初始化

$$B = MW. NewBayesNet()$$
$$S = \varnothing$$

其中 S 为要添加到贝叶斯网络 B 的节点序列,初始化时为空集。

（2）For each $C(\beta) = c(\beta)$

$$B. AddNode(Instantiate(C, \beta, c(\beta), \varnothing))$$

（3）For each

$$U(\delta) = Instantiate(T, \alpha) | Instantiate(E, \gamma)$$

$$Add \langle \{U(\delta), C(\beta) = c(\beta)\}, \varnothing \rangle \text{ to } S$$

（4）判断是否检索到所有的父节点。若检索到则递归合并实例化片段,形成一致的贝叶斯网络,否则继续遍历。

（5）Return B

第7章 结 束 语

相比纸质资料和一般电子技术文档,IETM 具有数据格式标准、功能应用多样、用户界面友好、使用效益倍增等特点,在辅助维修、辅助训练和辅助技术资料管理方面表现出巨大的优越性。以美国为代表的世界军事强国普遍认识到 IETM 的重要作用,大力在武器装备中开展相关研究与应用,经过数十年的发展,逐步形成了统一的国际标准体系和技术规范。

随着装备保障难度的加大,研制具有智能基因注入的五级 IETM 产品势在必行,这对于提升我国在信息化条件下的装备保障能力与水平具有重要意义。同时,为使 IETM 研制技术发展不受制于人、IETM 推广应用不依赖于人、军工产品重要秘密不暴露于人,针对 IETM 系统运行所依赖的软硬件环境国产化程度较低、智能化程度不高等问题,急需加强推广 IETM 系统对国产软硬件环境的适配性,研制和采购能够稳定运行于国产软硬件平台的 IETM 系统,大力开展深度学习、贝叶斯网络等智能计算技术在 IETM 中的应用研究。

本书重点从深度学习和贝叶斯网络这两个智能计算研究方向思考面向 IETM 应用的相关智能交互技术、智能故障诊断技术、智能边缘计算终端应用等问题,以期能够抛砖引玉,为从事保障信息化、人工智能等学科专业的教学和科研人员提供一些参考。本书关于智能计算技术在 IETM 中应用的一些思考还仅仅是一种构想,智能化 IETM 的发展任重道远,需要众多 IETM 研究人员的共同努力,以期使其尽快应用落地。

参考文献

[1] 卢克·多梅尔.人工智能改变世界,重建未来[M].赛迪研究院专家组,译.北京:中信出版集团,2016.

[2] 李开复,王咏刚.人工智能[M].北京:文化发展出版社,2017.

[3] 井惠林.基于S1000D标准的IETM研制[J].制造业自动化.2010,32(11):49-51.

[4] 朱兴动.武器装备交互式电子技术手册-IETM[M].北京:国防工业出版社,2009:192-206.

[5] Karl E. Wiegers.软件需求[M].陆丽娜,王忠民,王志敏,等译.北京:机械工业出版社,2000.

[6] 李永,郭齐胜,仝炳香.装备型号需求论证工程化理论研究[J].装甲兵工程学院学报,2011,25(2):12-16.

[7] GJB6600.1.装备交互式电子技术手册[S].北京:总装电子信息基础部,2008.

[8] Eric L. J., Joseph J. F. Initial Evaluation of IETM Application to Schoolhouse and Worksite Training Functions[J]. CDNSWC,1995,10:30-31.

[9] 徐宗昌,谢振东,胡梁勇,等.创作平台技术在装备维修信息化中的应用及建议[J].制造业自动化,2008,30(12):9-13.

[10] 何嘉武,赖煜坤.武器装备虚拟维修训练系统设计与实现[J].科技导报,2010,28(24):71-74.

[11] 崔振磊,王中静.基于工作流的水资源知识管理框架[J].清华大学学报,2007,47(6):797-800.

[12] 陶善新,李莉敏,唐文献.基于UG/KDA的广义知识库系统的研究与实现[J].计算机工程,2008,29(4):124-126.

[13] 朱兴动,黄葵,王正.交互式电子技术手册标准化研究[J].航空维修与工程,2007,1:44-46.

[14] 方圆,刘永强,戴玮,等.基于物元分析法的HSE管理绩效评价[J].安全与环境学报,2013,13(6):222-224.

[15] 陈建宏,邓伟夏.熵权模糊物元分析法在采矿方法选择中的应用[J].科技导报,2014,32(2):30-33.

[16] 朱小燕,王昱,徐伟.基于循环神经网络的语音识别模型[J].计算机学报,2001,24(2):213-218.

[17] 张晴晴,刘勇,潘接林,颜永红.基于卷积神经网络的连续语音识别[J].工程科学学报,2015,37(9):1212-1217.

[18] 冯诗影,韩文廷,金旭,迟孟贤,安虹.循环神经网络在语音识别模型中的训练加速方法[J].小型微型计算机系统,2018,39(12):3-7.

[19] 石文栋,陈富民,屈发明,张瑞,吕春雷.一种采用贝叶斯网络的制造过程异常诊断方法[J].西安交通大学学报,2018,52(8):9-14.

[20] 王承远,徐久军,严志军.基于时效性分析的动态贝叶斯网络故障诊断方法[J].大连理工大学学报,2019,59(2):201-219.

[21] 王金鑫,王忠巍,马修真,刘龙,袁志国.基于贝叶斯网络的柴油机润滑系统多故障诊断[J].控制与决策,2019,34(6):69-76.

[22] 史志富,张安.贝叶斯网络理论及其在军事系统中的应用[M].北京:国防工业出版社,2012.

[23] 罗俊海,王章静.多源数据融合和传感器管理[M].北京:清华大学出版社,2015.

[24] Rodolfo Bonnin. TensorFlow 机器学习项目实战[M].姚鹏鹏,译.北京:人民邮电出版社,2019.

[25] 刘凡平等.神经网络与深度学习应用实战[M].北京:电子工业出版社,2018.

[26] 唐振韬,等.深度强化学习进展:从 AlphaGo 到 AlphaGoZero[J].控制理论与应用,2017,12:1529-1546.

[27] 赵星宇,丁世飞.深度强化学习研究综述[J].计算机科学,2018,45(7):1-6.

[28] Rodolfo Bonnin. TensorFlow 机器学习项目实战[M].姚鹏鹏,译.北京:人民邮电出版社,2019.